STARK

MSA · eBBR 2016

Original-Prüfungsaufgaben mit Lösungen

Mathematik

Berlin · Brandenburg

2009 – 2015

STARK

6. ergänzte Auflage
www.stark-verlag.de

Inhalt

Fortsetzung siehe nächste Seite

Jeweils zu Beginn des neuen Schuljahrs erscheinen
die neuen Ausgaben der Prüfungsaufgaben mit Lösungen.

Autoren: Heike Ohrt, Doris Cremer

Vorwort

Liebe Schülerin, lieber Schüler,

mit dem vorliegenden Buch kannst du dich ideal auf die **schriftliche Prüfung am Ende der Jahrgangsstufe 10** im Fach **Mathematik** vorbereiten, die seit 2011 gemeinsam in den Bundesländern Berlin und Brandenburg stattfindet.

Seit dem Schuljahr 2013/2014 gibt es eine **einheitliche eBBR/MSA-Prüfung**, die sowohl zum Schulabschluss **erweiterte Berufsbildungsreife** als auch zum **mittleren Schulabschluss** führt. Für den Erwerb der eBBR musst du grundlegende Aufgaben lösen, für den Erwerb des MSA zusätzlich noch anspruchsvollere (Teil-)Aufgaben, die durch ein Sternchen * gekennzeichnet sind.

Dieses Buch enthält die **Original-Abschlussprüfungen** der Jahre **2009–2015**. Für die Prüfungen der Jahrgänge 2009 und 2010 hast du **120 Minuten** Zeit. Ab dem Jahrgang 2011 hast du **135 Minuten** Zeit.

Zu allen Aufgaben gibt es **ausführliche Lösungen**, in denen jeder Rechenschritt erklärt ist. Zuerst solltest du versuchen, selbst auf die Lösung zu kommen und sie dann mit der aus dem Buch vergleichen. Nur was du dir selbst erarbeitet hast, bleibt im Gedächtnis. So lernst du dazu. Halte dich deswegen konsequent daran, jede Aufgabe zunächst selbst zu rechnen.

Sollten nach dem Erscheinen dieses Bandes noch wichtige Änderungen in der eBBR/MSA-Prüfung 2016 vom LISUM Berlin-Brandenburg bekannt gegeben werden, findest du aktuelle Informationen dazu im Internet unter:
www.stark-verlag.de/pruefung-aktuell

Viel Erfolg bei deiner Prüfung!

K. Ohrt

Heike Ohrt

Hinweise und Tipps

1 Hinweise zur Prüfung

Die schriftliche Prüfung in Mathematik zur erweiterten Berufsbildungsreife/zum mittleren Schulabschluss in der Jahrgangsstufe 10 wird am 10. 5. 2016 stattfinden. Die Prüfungszeit beträgt **135 Minuten**. Die Prüfung ist für alle Schülerinnen und Schüler in Berlin und Brandenburg gleich. Die Aufgaben orientieren sich an den Inhalten des Rahmenlehrplans für die Klassen 7 bis 10 und an den allgemeinen Bildungsstandards der Kultusministerkonferenz.

Folgende **Hilfsmittel** sind zugelassen:

- Geodreieck
- Zirkel
- nichtprogrammierbarer, nichtgrafikfähiger Taschenrechner
- Wörterbuch
- Formelübersicht (erhältst du mit der Prüfungsarbeit)

2 So bereitest du dich vor

Es ist wichtig, dass du rechtzeitig mit der Vorbereitung beginnst. Empfehlenswert sind 4 Monate vor dem Prüfungstermin.

Lege dir für die Prüfungsvorbereitungen einen Prüfungsordner an und hefte alle Übungen ein. Nummeriere die Aufgaben, z. B. MSA/eBBR 2015 Aufgabe 1.

Vergleiche deine Ergebnisse mit den Lösungen aus dem Buch und markiere deine Ergebnisse als r (richtig) oder f (falsch). Berichtige die mit „f" markierten Ergebnisse, nachdem du alle Lösungen verglichen hast.

3 So kannst du dich testen

Mithilfe der alten Prüfungsarbeiten kannst du dein Können unter Beweis stellen und dich verbessern. Es ist ein gutes Training, wenn du zunächst eine komplette Prüfungsarbeit unter Prüfungsbedingungen in der vorgegebenen Zeit (120 Minuten für die Jahrgänge 2009 und 2010, 135 Minuten ab dem Jahrgang 2011) ohne Unterbrechung bearbeitest. Nur so kannst du dich in die Prüfungssituation hineinversetzen und diese üben.

Beachte folgende Hinweise:

- Stelle eine prüfungsähnliche Situation her.
- Schaff dir einen freien Arbeitsplatz und lege Taschenrechner, Geodreieck, Bleistift, Radiergummi, Zirkel, karierte Blätter, einen blauen Kugelschreiber oder Füller und die Formelübersicht aus diesem Buch bereit.
- Sorge dafür, dass du 120 bzw. 135 Minuten ungestört arbeiten kannst. Keine Musik, Handy ausschalten!
- Stell dir ein Getränk und etwas zu essen bereit.

Ab jetzt läuft die Zeit.

- Lies dir zunächst alle Aufgaben durch, damit du weißt, was auf dich zukommt.
- Beginne mit der Aufgabe, bei der du dich am sichersten fühlst. Du kannst wichtige Aussagen markieren.
- Halte dich nicht zu lange an einer Aufgabe auf, verbeiß dich nicht, sondern mache mit der nächsten weiter.
- Lege kurze Pausen ein.
- Achte auf die Form und vergiss bei Textaufgaben die Antwortsätze nicht.
- Bedenke, dass alle Lösungswege nachvollziehbar sein müssen.
- Überprüfe, ob dein Antwortsatz zur Fragestellung passt und ob die Einheiten stimmen.
- Wenn du am Ende noch Zeit hast, gehe deine Arbeit noch einmal durch.

Kontrolliere erst nach einer Pause von mindestens 2 Stunden die Lösungen. Markiere deine Fehler.

Bearbeite zu einem späteren Zeitpunkt (z. B. 2 Tage danach) unbedingt die Aufgaben, in denen du Fehler gemacht hast, noch einmal.

Prozentrechnung

(Grundformel)	$\frac{G}{100} = \frac{W}{p}$	G: Grundwert W: Prozentwert p %: Prozentsatz

Zinsrechnung

Zinsformel	$\frac{K}{100} = \frac{Z}{p}$	K: Kapital Z: Zinsen p %: Zinssatz
Zinsen für t Tage	$Z_t = \frac{K \cdot p \cdot t}{100 \cdot 360}$	t: Tage
Zinsen für m Monate	$Z_m = \frac{K \cdot p \cdot m}{100 \cdot 12}$	m: Monate
Kapital nach n Jahren	$K_n = K_0 \cdot \left(1 + \frac{p}{100}\right)^n$	n: Anzahl der Jahre K_n: Kapital nach n Jahren K_0: Anfangskapital
Zinssatz	$\frac{p}{100} = \sqrt[n]{\frac{K_n}{K_0}} - 1$	

Dichte

eines Stoffes	$\rho = \frac{m}{V}$	ρ: Dichte; m: Masse V: Volumen

Geschwindigkeit

einer gleichförmigen Bewegung	$v = \frac{s}{t}$	v: Geschwindigkeit s: zurückgelegter Weg t: benötigte Zeit

Quadratische Funktionen und Gleichung

Scheitelpunktform der Normalparabel	$f(x) = (x+d)^2 + e$ $f(x) = (x-m)^2 + n$	Scheitelpunkt $S(-d \mid e)$ Scheitelpunkt $S(m \mid n)$
Normalform	$0 = x^2 + px + q$	$p, q \in \mathbb{R}$
Lösungsformel für quadratische Gleichungen in Normalform und zur Bestimmung von Nullstellen	$x_{1/2} = -\frac{p}{2} \pm \sqrt{\left(\frac{p}{2}\right)^2 - q}$	Für $\left(\frac{p}{2}\right)^2 - q < 0$ ist die Gleichung nicht lösbar.

Potenzen und Wurzeln

$a^n = a \cdot a \cdot \ldots \cdot a \quad (n-\text{mal})$

$a^0 := 1$

$a^m \cdot a^n = a^{m+n}$

$\frac{a^m}{a^n} = a^{m-n}$

$a^m \cdot b^m = (a \cdot b)^m$

$\frac{a^m}{b^m} = \left(\frac{a}{b}\right)^m$

$(a^m)^n = a^{m \cdot n}$

$a^{-n} := \frac{1}{a^n}$

für $a, b \in \mathbb{R}$, $a \neq 0$ und $m, n \in \mathbb{N}$

für $b \neq 0$

$\sqrt[n]{a} = a^{\frac{1}{n}}; \quad \sqrt[2]{a} = \sqrt{a} = a^{\frac{1}{2}}$

$\sqrt[n]{a}\sqrt[n]{b} = \sqrt[n]{ab}$

$\frac{\sqrt[n]{a}}{\sqrt[n]{b}} = \sqrt[n]{\frac{a}{b}}$

$\sqrt[n]{a^m} = a^{\frac{m}{n}}$

für $a, b \in \mathbb{R}^+$ und $m, n \in \mathbb{N} \setminus \{0\}$
(Für den Spezialfall $n = 2$, die Quadratwurzel, lässt man den Wurzelexponenten weg und schreibt nur $\sqrt{\ }$.)

Rechtwinkliges Dreieck

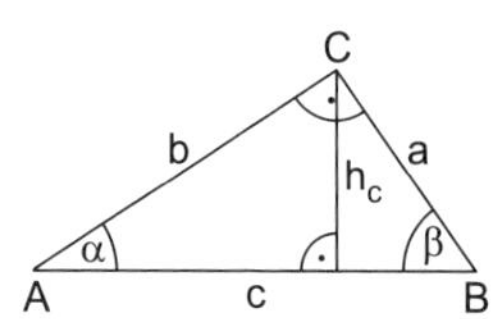

Satz des Pythagoras $\quad c^2 = a^2 + b^2$

Umfang $\quad u = a + b + c$

Flächeninhalt $\quad A = \frac{1}{2} a \cdot b$ bzw.

$A = \frac{1}{2} c \cdot h_c$

Seiten-Winkel-Beziehungen

$\sin\alpha = \frac{\text{Gegenkathete von } \alpha}{\text{Hypotenuse}} = \frac{a}{c}$

$\cos\alpha = \frac{\text{Ankathete von } \alpha}{\text{Hypotenuse}} = \frac{b}{c}$

$\tan\alpha = \frac{\text{Gegenkathete von } \alpha}{\text{Ankathete von } \alpha} = \frac{a}{b}$

Beliebiges Dreieck

Sinussatz $\frac{a}{\sin\alpha} = \frac{b}{\sin\beta} = \frac{c}{\sin\gamma}$

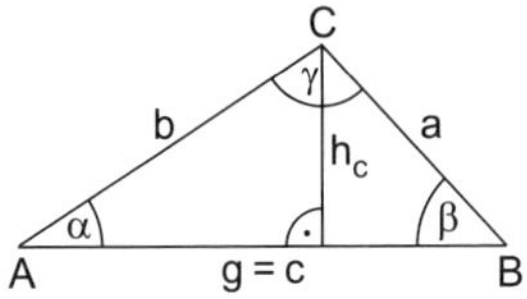

Kosinussatz
$c^2 = a^2 + b^2 - 2ab \cdot \cos\gamma$

$a^2 = b^2 + c^2 - 2bc \cdot \cos\alpha$

$b^2 = a^2 + c^2 - 2ac \cdot \cos\beta$

Umfang $u = a + b + c$

Flächeninhalt $A = \frac{1}{2} c \cdot h_c$ bzw.

$A = \frac{1}{2} a \cdot b \cdot \sin\gamma$

Strahlensätze

1. Strahlensatz $\frac{\overline{ZA}}{\overline{AB}} = \frac{\overline{ZC}}{\overline{CD}}; \quad \frac{\overline{ZA}}{\overline{ZB}} = \frac{\overline{ZC}}{\overline{ZD}}$

2. Strahlensatz $\frac{\overline{ZA}}{\overline{ZB}} = \frac{\overline{AC}}{\overline{BD}}; \quad \frac{\overline{ZC}}{\overline{ZD}} = \frac{\overline{AC}}{\overline{BD}}$

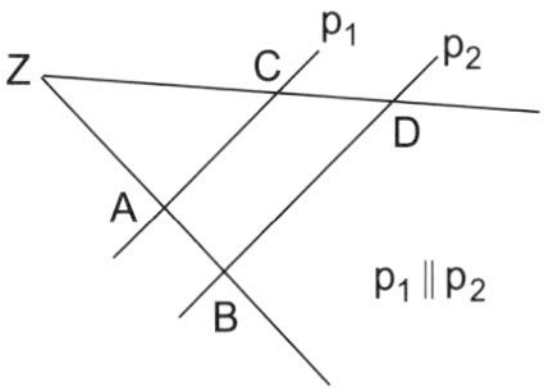

Rechteck

Umfang $u = 2a + 2b = 2(a + b)$

Flächeninhalt $A = a \cdot b$

Diagonalen $e = f = \sqrt{a^2 + b^2}$

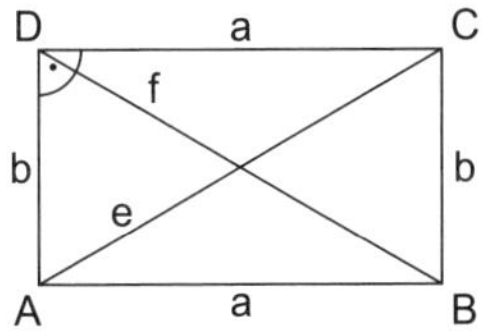

Trapez

Mittellinie $m = \frac{1}{2}(a + c)$

Flächeninhalt $A = m \cdot h$

$A = \frac{1}{2}(a + c) \cdot h$

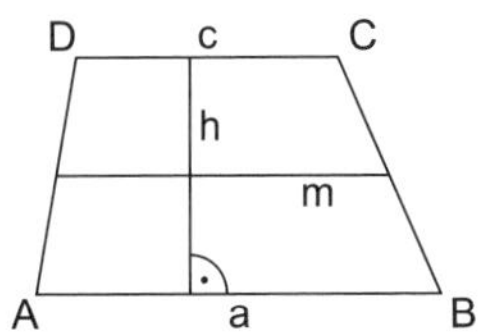

Kreis

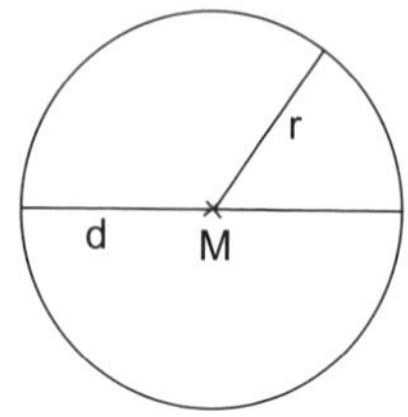

Durchmesser $d = 2 \cdot r$

Umfang $u = 2\pi \cdot r$

Flächeninhalt $A = \pi \cdot r^2$

Würfel

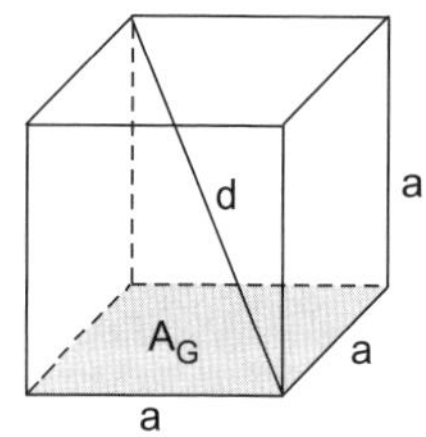

Grundfläche $A_G = a^2$

Oberfläche $A_O = 6a^2$

Volumen $V = a^3$

Raumdiagonale $d = a\sqrt{3}$

Quader

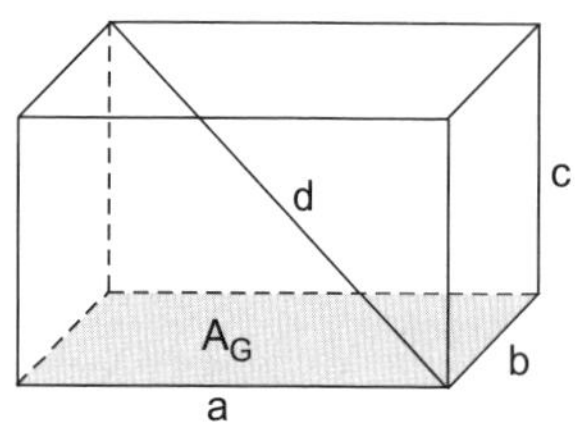

Grundfläche $A_G = a \cdot b$

Oberfläche $A_O = 2ab + 2ac + 2bc$

Volumen $V = a \cdot b \cdot c$

Raumdiagonale $d = \sqrt{a^2 + b^2 + c^2}$

Prisma (dreiseitig, gerade)

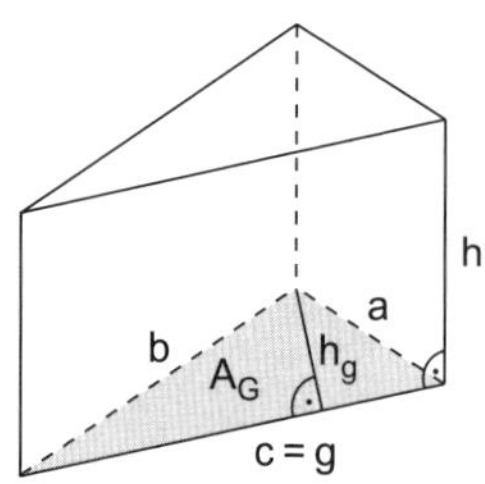

Grundfläche $A_G = \frac{1}{2} h_g \cdot g$

Umfang der Grundfläche $u_G = a + b + c$

Mantelfläche $A_M = (a + b + c) \cdot h = u_G \cdot h$

Oberfläche $A_O = 2A_G + A_M$

Volumen $V = A_G \cdot h = \frac{1}{2} h_g \cdot g \cdot h$

Pyramide (quadratisch, gerade)

Grundfläche $A_G = a^2$

Mantelfläche $A_M = 2a \cdot h_S$

Oberfläche $A_O = A_G + A_M$

Volumen $V = \frac{1}{3} A_G \cdot h = \frac{1}{3} a^2 \cdot h$

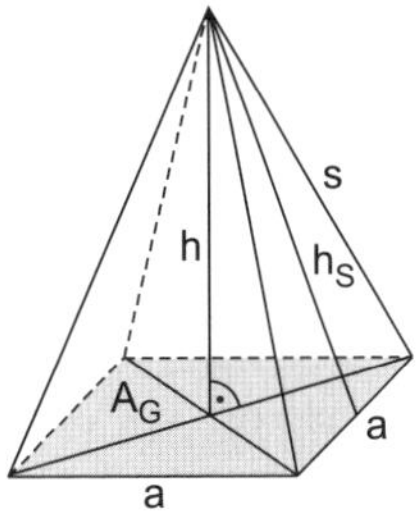

Zylinder (gerader Kreiszylinder)

Grundfläche $A_G = \pi \cdot r^2$

Mantelfläche $A_M = 2\pi \cdot r \cdot h$

Oberfläche $A_O = 2A_G + A_M$

Volumen $V = A_G \cdot h = \pi \cdot r^2 \cdot h$

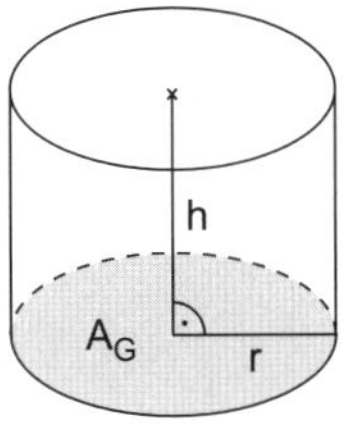

Kugel

Oberfläche $A_O = 4\pi \cdot r^2$

Volumen $V = \frac{4}{3} \pi \cdot r^3$

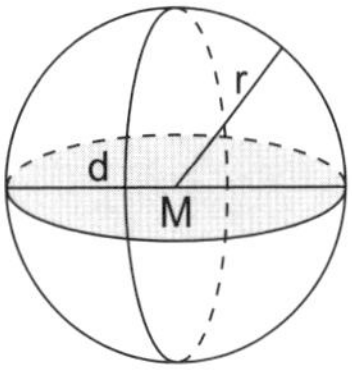

Kegel (gerader Kreiskegel)

Mantellinie $s^2 = r^2 + h^2$

Grundfläche $A_G = \pi \cdot r^2$

Mantelfläche $A_M = \pi \cdot r \cdot s$

Oberfläche $A_O = \pi \cdot r(r + s)$

Volumen $V = \frac{1}{3} A_G \cdot h = \frac{1}{3} \pi \cdot r^2 \cdot h$

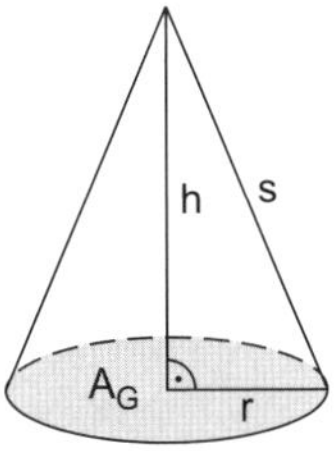

Stochastik

Zufallsexperimente	Sind alle Ergebnisse bei einem Zufallsexperiment gleich wahrscheinlich, so gilt für ein Ereignis A: $P(A) = \frac{\text{Anzahl der für A günstigen Ergebnisse}}{\text{Anzahl der möglichen Ergebnisse}}$	P(A): Wahrscheinlichkeit von A
Pfadregeln für mehrstufige Zufallsexperimente	Produktregel: Die Wahrscheinlichkeit eines Ergebnisses D ist gleich dem Produkt der Wahrscheinlichkeiten entlang des jeweiligen Pfades im Baumdiagramm. Bsp: $P(D) = p_1 \cdot p_4$	Baumdiagramm: 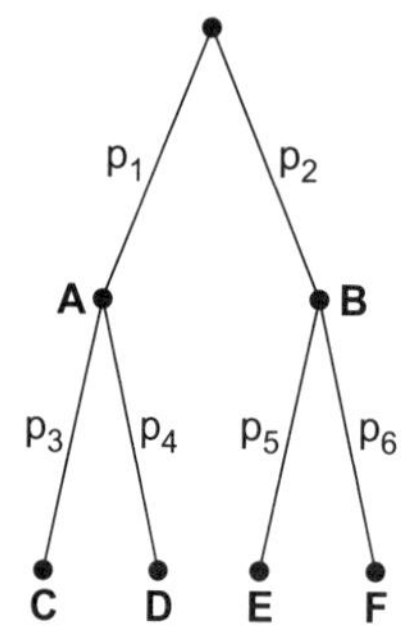
	Summenregel: Die Wahrscheinlichkeit eines Ereignisses H ist gleich der Summe der Wahrscheinlichkeiten aller Pfade, die für dieses Ereignis günstig sind. Bsp: $H = \{D, E\}$ $P(H) = p_1 \cdot p_4 + p_2 \cdot p_5$	

Mittlerer Schulabschluss Berlin
Mathematik 2009

Punkte

Aufgabe 1

11 P.

a) Ergänzen Sie die Leerstellen in den Klammern so, dass das Gleichheitszeichen stimmt.

$a^2 - 36 = (a \_\_\_\_\_\_)(a + \_\_\_\_\_\_)$

b) Berechnen Sie.

a	b	a · b	a : b
$\sqrt{4}$	$\sqrt{25}$		
$\sqrt[3]{9}$	$\sqrt[3]{3}$		

c) Welche Zahl liegt genau in der Mitte zwischen –7 und 9? ________

d) Jede der 6 Flächen eines Würfels ist entweder rot oder blau. Die Wahrscheinlichkeit dafür, dass beim Würfeln Rot oben liegt, beträgt $\frac{2}{3}$.
Kreuzen Sie an, wie viele Flächen rot sind.

☐ 1 ☐ 2 ☐ 3 ☐ 4 ☐ 5 ☐ 6

e) Kreuzen Sie an, ob die folgenden Terme den Inhalt der schraffierten Fläche der symmetrischen Figur richtig beschreiben.

	ja	nein
$4 \cdot \frac{xy}{2}$	☐	☐
$2 \cdot xy$	☐	☐
$2x \cdot 2y$	☐	☐

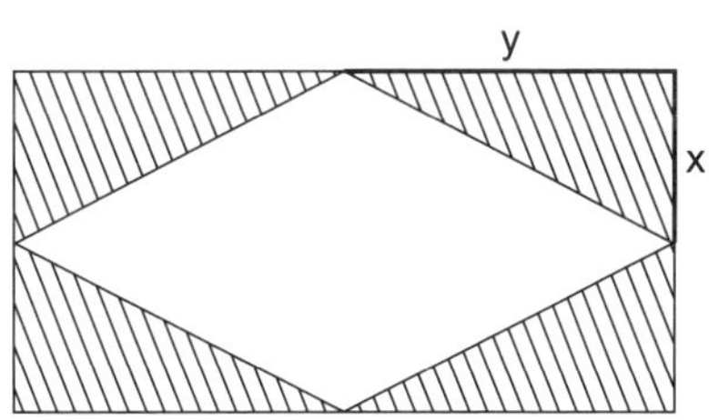

Aufgabe 2

4 P.

Sind die folgenden Aussagen wahr (w) oder falsch (f)? Kreuzen Sie jeweils an.

a) Zur Geraden, die durch die Punkte $(0|-3)$ und $(3|6)$ verläuft, gehört die Gleichung

	wahr	falsch
$f(x) = -3x - 3$.	☐	☐
$f(x) = 3x - 3$.	☐	☐

b) Zwei Geraden verlaufen parallel zueinander. Dann gilt:

	wahr	falsch
Die beiden Graphen haben dieselbe Steigung.	☐	☐
Die beiden Geraden schneiden sich im Punkt $(0|0)$.	☐	☐

Aufgabe 3

5 P.

Online-Einkauf

27 Millionen Menschen kaufen über das Internet ein

Das Internet wird als Medium für private Einkäufe immer beliebter: 27 Millionen Menschen haben in Deutschland im 1. Quartal 2007 Waren oder Dienstleistungen für private Zwecke über das Internet bestellt. Im Vergleich zum 1. Quartal des Vorjahres war das ein Zuwachs von knapp 7 %.
37 % der Personen, die über das Internet einkauften, erwarben Computer-Software. Ein Drittel der Internetkäufer bestellte Eintrittskarten für Veranstaltungen online. Auch hier gab es im Vergleich zum Vorjahr 10 % mehr Menschen, die das Internet dafür nutzten. Jeder zehnte Internetkäufer bestellt sogar Lebensmittel am Bildschirm.

Statistisches Bundesamt, Pressemitteilung Nr. 316 vom 28. 08. 2008 (gekürzt)

a) „Mehr als die Hälfte der 51 Millionen privaten Internetnutzer des 1. Quartals 2007 kauften über das Internet ein.“ Ist diese Aussage richtig? Begründen Sie.

b) Wie viele Internetkäufer bestellten im 1. Quartal 2007 sogar Lebensmittel?

c) Die Anzahl der Privatkunden, die im 1. Quartal 2006 im Internet einkauften, soll berechnet werden. Welcher Ansatz ist dafür richtig? Begründen Sie.

1) $\frac{27\,000\,000}{107} = \frac{x}{100}$ 2) $\frac{27\,000\,000}{100} = \frac{x}{93}$

Aufgabe 4 4 P.

Dreieckskonstruktion

Thomas hat ein Dreieck mit b = 6 cm, c = 8 cm und $\gamma = 40°$ konstruiert und sein Vorgehen auf Karten notiert. Die Karten liegen nicht in der richtigen Reihenfolge.

Vervollständigen Sie die Nummerierung dieser Karten so, dass sein Mitschüler Fritz das Dreieck in der Reihenfolge der Anweisungen konstruieren kann.

Zeichne die Seite b = 6 cm. (1)	Verbinde A und B. ( )	Zeichne einen Kreis um A mit dem Radius c = 8 cm. ( )
Trage in C den Winkel γ = 40° ab. ( )	Bezeichne den entstandenen Schnittpunkt mit B. ( )	Kennzeichne die Eckpunkte A und C. ( )

Aufgabe 5 4 P.

Lineares Gleichungssystem

Welche der vier linearen Gleichungssysteme haben die Lösungsmenge L = {(5; –1)}? Entscheiden Sie und kreuzen Sie an.

	wahr	falsch		wahr	falsch
I $x + y = 4$ II $x - y = 6$	☐	☐	I $-x + y = -4$ II $-x - y = -6$	☐	☐
I $x - y = 4$ II $x + y = 6$	☐	☐	I $-x - y = -4$ II $-x + y = -6$	☐	☐

Aufgabe 6

4 P.

Feuerwehrleiter

Bei einem Wohnhausbrand muss die Feuerwehr ein Kind aus dem 4. Stock retten (siehe Skizze).

In den Vorschriften für Feuerwehrleitern steht: „Leitern sind mit einem Neigungswinkel α von höchstens 75° zur Standfläche aufzustellen."

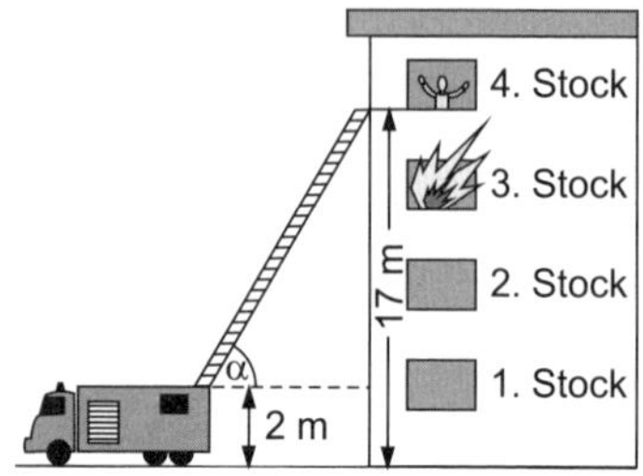

Berechnen Sie für $\alpha = 75°$, wie lang die Leiter für die Rettung sein muss und wie weit sie von der Hauswand entfernt stehen muss.

Aufgabe 7

7 P.

Auto

Zur Familie Spar gehören Monika Spar (Mutter), Klaus Spar (Vater), der 14-jährige Sohn Nils und die 12-jährige Tochter Wiebke. Wegen der hohen Benzin- und Dieselkosten überlegt die Familie, ob sie weiter mit dem Auto fahren oder ob alle Familienmitglieder nur noch öffentliche Verkehrsmittel benutzen.

Jährlich sind für das Auto 487 € Versicherungskosten und 156 € Kraftfahrzeugsteuer zu zahlen. Bei einer jährlichen Fahrstrecke von ca. 20 000 km muss mit Werkstattkosten von 1 100 € pro Jahr gerechnet werden. Für Parkgebühren etc. plant Herr Spar jährlich 50 € ein.

Das Auto verbraucht für 100 km im Schnitt 6 Liter Benzin, für das Herr Spar mit 1,50 € pro Liter rechnet.

Wenn ein Auto zur Verfügung steht, können alle Fahrten, auch die der Kinder, mit dem Auto organisiert werden. Wenn kein Auto vorhanden ist, braucht jedes Familienmitglied eine Jahreskarte für öffentliche Verkehrsmittel. Die Jahreskarte für Erwachsene kostet 670 €. Für den Sohn Nils wird das Schülerticket für 260 € und für die Tochter Wiebke die Geschwisterkarte für 160 € im Jahr benötigt.

Vergleichen Sie beide Möglichkeiten, indem Sie jeweils die Kosten für ein Jahr kalkulieren.

Aufgabe 8 6 P.

Schokolade

Eine Packung mit zwölf Schokoladentäfelchen enthält fünf Täfelchen mit Marzipanfüllung (M) und sieben Täfelchen Vollmilchschokolade (V). Zwei Schülerinnen nehmen ohne hinzusehen nacheinander je ein Täfelchen aus der Packung.

a) Zeichnen Sie dafür ein Baumdiagramm. Tragen Sie die Ereignisse (M, V) und die zugehörigen Wahrscheinlichkeiten ein.

b) Berechnen Sie die Wahrscheinlichkeit, dass beide Schülerinnen ein Täfelchen mit Marzipanfüllung (M) ziehen.

Aufgabe 9 10 P.

Swimmingpool

Ein rechteckiger Swimmingpool besteht aus einem einheitlich 0,80 m tiefen Nichtschwimmerbereich und dem gleichmäßig tiefer werdenden Schwimmerbereich mit einer Maximaltiefe von 2,50 m.

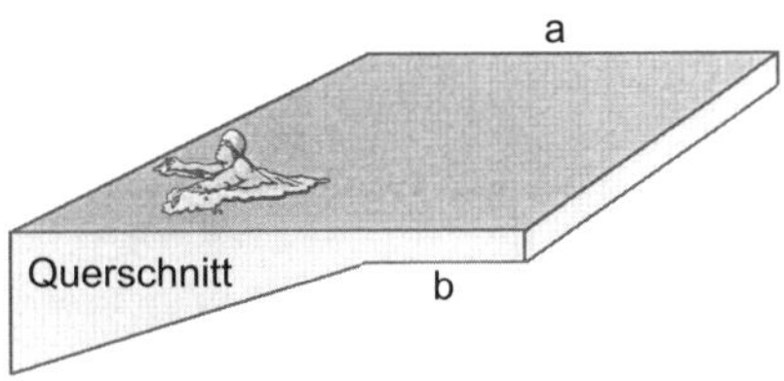

(Der Querschnitt des Swimmingpools ist nicht maßstäblich.)

Breite des gesamten Pools:	$a = 10{,}20$ m
Breite des Nichtschwimmerbereichs:	$b = 3{,}50$ m
Wassermenge im Pool:	208 m^3

a) Dem Wasser muss regelmäßig ein Mittel zur Bekämpfung von Algen zugesetzt werden. In jeder Woche werden für 10 m^3 Wasser 80 $m\ell$ des Mittels benötigt. Wie viele Wochen reicht ein 5-Liter-Kanister des Mittels? Berechnen Sie.

b) Der Hersteller will den Pool im Maßstab 1 : 50 zeichnen. Berechnen Sie, wie viel cm lang die Gesamtbreite des Pools dann in einer Zeichnung sein muss.

c) Berechnen Sie den Flächeninhalt des Querschnitts des Pools.

d) Beschreiben Sie (ohne Rechnung), wie man das Volumen des Pools berechnen kann.

Aufgabe 10 7 P.

Bäume

Bei einem Biologieprojekt einer Schule wird eine Waldfläche untersucht, auf der vor vielen Jahren Fichten angepflanzt wurden. Die Schülerinnen und Schüler interessieren sich dafür, wie dick die Bäume jetzt sind. Dazu messen sie den Umfang von sechs Bäumen in einer Höhe von 1,30 m und notieren sich die Ergebnisse:
142 cm, 143 cm, 139 cm, 144,5 cm, 141,5 cm, 136 cm.

a) Berechnen Sie den durchschnittlichen Umfang dieser sechs Fichten.

b) Der Förster soll 70 m^3 Holz an ein Sägewerk liefern. Dazu sucht er Bäume mit einem mittleren Durchmesser von 45 cm und einer Höhe des nutzbaren Stammes von ca. 28 m aus. Wie viele Bäume muss er fällen lassen? Berechnen Sie.

Lösung

Aufgabe 1

a) $a^2 - 36 = (a - \mathbf{6})(a + \mathbf{6})$

Es handelt sich um die dritte binomische Formel: $a^2 - b^2 = (a+b)(a-b)$

Zur Probe:
$(a-6)(a+6) = a^2 + 6a - 6a - 36 = a^2 - 36$

b) Anwendung der Wurzelgesetze:

$\sqrt{4} \cdot \sqrt{25} = \sqrt{4 \cdot 25} = \sqrt{100} = 10$ **oder** $\sqrt{4} \cdot \sqrt{25} = 2 \cdot 5 = 10$

$\frac{\sqrt{4}}{\sqrt{25}} = \sqrt{\frac{4}{25}} = \sqrt{0,16} = 0,4$ **oder** $\frac{\sqrt{4}}{\sqrt{25}} = \frac{2}{5} = 0,4$

$\sqrt[3]{9} \cdot \sqrt[3]{3} = \sqrt[3]{9 \cdot 3} = \sqrt[3]{27} = 3$ **oder** $\sqrt[3]{9} \cdot \sqrt[3]{3} \approx 2,08 \cdot 1,44 \approx 2,9952 \approx 3$

$\frac{\sqrt[3]{9}}{\sqrt[3]{3}} = \sqrt[3]{\frac{9}{3}} = \sqrt[3]{3} \approx 1,44$ **oder** $\frac{\sqrt[3]{9}}{\sqrt[3]{3}} \approx \frac{2,08}{1,44} \approx 1,44$

a	b	a · b	a : b
$\sqrt{4}$	$\sqrt{25}$	**10**	**0,4**
$\sqrt[3]{9}$	$\sqrt[3]{3}$	**3**	$\boldsymbol{\sqrt[3]{3} \approx 1,44}$

c) Berechnung des arithmetischen Mittels von –7 und 9:

$\frac{(-7+9)}{2} = \frac{2}{2} = 1$

Die Zahl 1 liegt genau in der Mitte.

d) $\frac{2}{3}$ heißt „2 von 3".

$\frac{2}{3} = \frac{4}{6}$ (mit 2 erweitert) **oder** $\frac{2}{3}$ von 6 Flächen sind $\frac{2}{3} \cdot 6 = 4$

4 von 6 Flächen sind rot.

☐ 1 ☐ 2 ☐ 3 ☒ 4 ☐ 5 ☐ 6

e) Die schraffierte Fläche besteht aus 4 flächengleichen rechtwinkligen Dreiecken.

- Die Fläche eines dieser rechtwinkligen Dreiecke berechnet man mit $\frac{xy}{2}$. Daher beschreibt der Term $4 \cdot \frac{xy}{2}$ den Inhalt der schraffierten Fläche richtig.
- Aus den 4 rechtwinkligen Dreiecken lassen sich 2 Rechtecke mit den Seiten x und y bilden. Eines dieser Rechtecke hat die Flächenformel $A = xy$, daher beschreibt der Term $2 \cdot xy$ den Inhalt der schraffierten Fläche richtig.

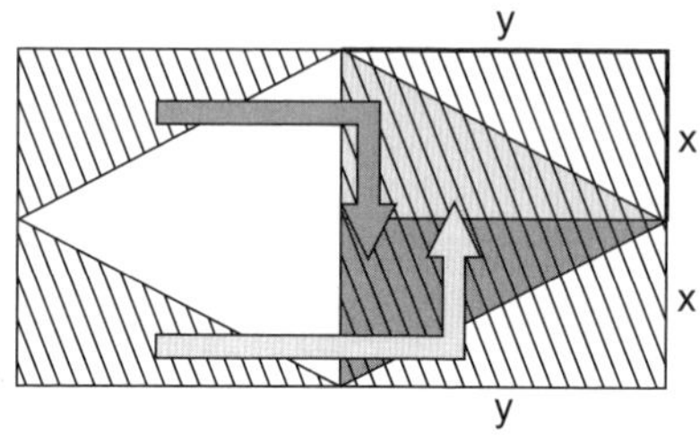

  oder

  Die Fläche der 4 rechtwinkligen Dreiecke entspricht der Differenz aus der Fläche des gesamten Rechtecks mit den Seitenlängen 2x und 2y und der Fläche der weißen Raute mit den Diagonalen 2x und 2y. Man berechnet:

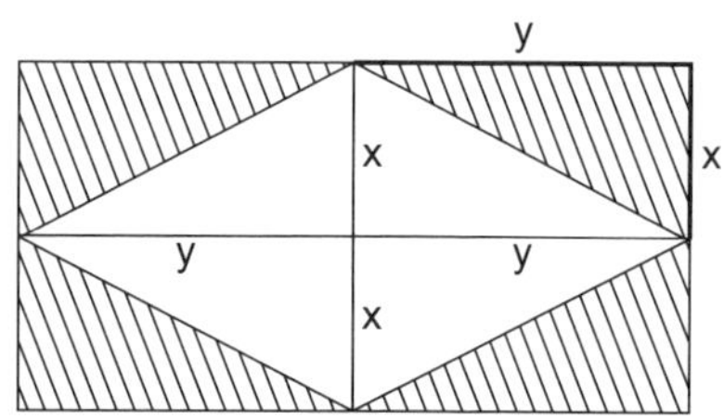

$$A_{Rechteck} - A_{Raute} = 2x \cdot 2y - \frac{2x \cdot 2y}{2} = \frac{2x \cdot 2y}{2} = 2xy$$

  Deshalb beschreibt der Term $2 \cdot xy$ den Inhalt der schraffierten Fläche richtig.

- Der Term $2x \cdot 2y$ steht für den Flächeninhalt des gesamten Rechtecks mit den Seitenlängen 2x und 2y, welcher größer ist als die schraffierte Fläche. Dieser Term beschreibt den Inhalt der schraffierten Fläche also nicht richtig.

	ja	nein
$4 \cdot \frac{xy}{2}$	☒	☐
$2 \cdot xy$	☒	☐
$2x \cdot 2y$	☐	☒

Aufgabe 2

a) Um zu prüfen, ob zu der Geraden, die durch die beiden Punkte verläuft, eine der Gleichungen gehört, muss man die Koordinaten der Punkte in die Gleichung einsetzen und prüfen, ob sich eine wahre oder falsche Aussage ergibt.

$f(x) = -3x - 3$

$P_1(0\,|\,{-3})$ eingesetzt:	$P_2(3\,|\,6)$ eingesetzt:
$\mathbf{-3} \overset{?}{=} -3 \cdot \mathbf{0} - 3$	$\mathbf{6} \overset{?}{=} -3 \cdot \mathbf{3} - 3$
$-3 = -3$ (w)	$6 \overset{?}{=} -9 - 3$
	$6 = -12$ (f)

Nur einer der Punkte – nicht beide – liegt auf der Geraden $f(x) = -3x - 3$.

$f(x) = 3x - 3$

$P_1(0\,|\,{-3})$ eingesetzt:	$P_2(3\,|\,6)$ eingesetzt:
$\mathbf{-3} \overset{?}{=} 3 \cdot \mathbf{0} - 3$	$\mathbf{6} \overset{?}{=} 3 \cdot \mathbf{3} - 3$
$-3 = -3$ (w)	$6 \overset{?}{=} 9 - 3$
	$6 = 6$ (w)

Beide Punkte liegen auf der Geraden $f(x) = 3x - 3$.

oder

Die Gerade, die durch die beiden Punkte verläuft, hat den Achsenabschnitt –3 und die positive Steigung 3.
Die zugehörige Gleichung lautet also $f(x) = 3x - 3$.

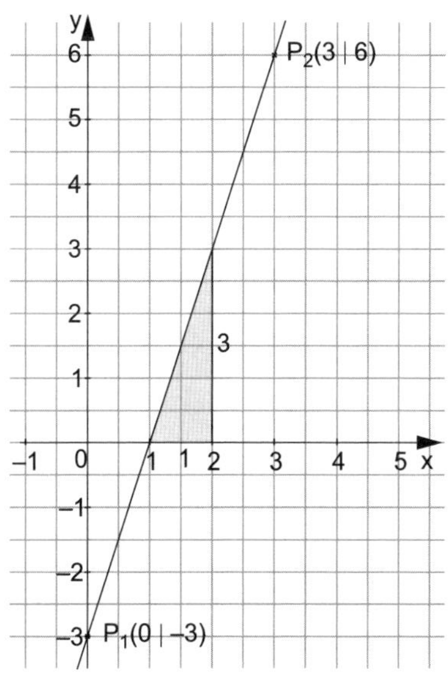

	wahr	falsch
$f(x) = -3x - 3.$	☐	☒
$f(x) = 3x - 3.$	☒	☐

b) Zwei Geraden verlaufen genau dann parallel zueinander, wenn sie die gleiche Steigung (m) haben.
Der Faktor vor der Variablen x gibt die Steigung der Geraden an.

Beispiel: $f(x) = 2x + 1$
$g(x) = 2x - 1$

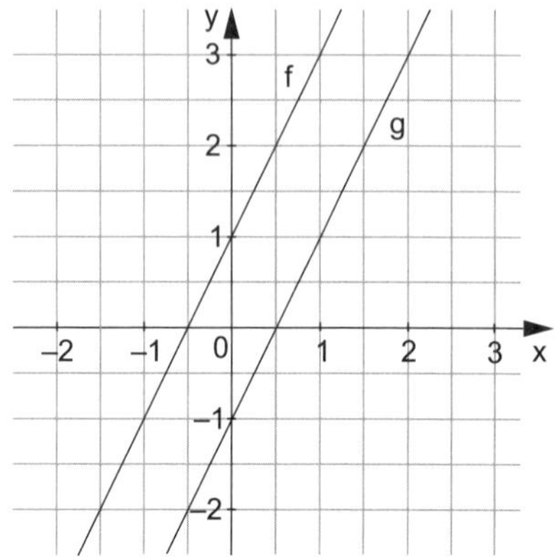

Geraden, die sich im Punkt (0|0) schneiden, sind nur dann parallel zueinander, wenn sie die gleiche Funktionsgleichung besitzen.

Beispiel: $f(x) = \frac{1}{2}x$
$g(x) = -2x$

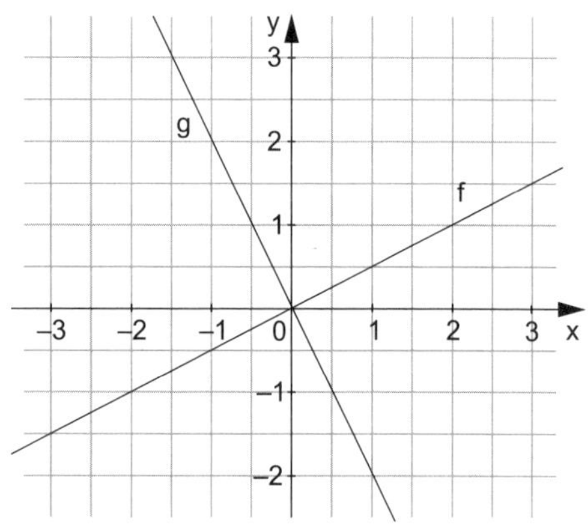

	wahr	falsch
Die beiden Graphen haben dieselbe Steigung.	☒	☐
Die beiden Geraden schneiden sich im Punkt (0|0).	☐	☒

Aufgabe 3

a) Private Internetnutzer: 51 Millionen
Die Hälfte der privaten Internetnutzer: 25,5 Millionen
(51 000 000 : 2 = 25 500 000)
Private Interneteinkäufer: 27 Millionen

oder

$$\frac{27\text{ Millionen}}{51\text{ Millionen}} \approx 0{,}53 = 53\ \%$$

53 % sind mehr als die Hälfte (50 %).

Die Aussage ist richtig, denn 27 Millionen sind mehr als die Hälfte der Internetnutzer im 1. Quartal 2007.

b) Jeder zehnte Internetkäufer bestellte Lebensmittel.

„Jeder zehnte" bedeutet „1 von 10" $= \frac{1}{10}$.

$$27\,000\,000 \cdot \frac{1}{10} = 2\,700\,000$$

oder

Mit dem Dreisatz 10 % berechnen:

$$100\ \% \mathrel{\hat{=}} 27\,000\,000 \quad \Big|:100$$

$$1\ \% \mathrel{\hat{=}} \frac{27\,000\,000}{100} \quad \Big|\cdot 10$$

$$10\ \% \mathrel{\hat{=}} \frac{27\,000\,000 \cdot 10}{100} = \frac{27\,000\,000}{10} = 2\,700\,000$$

oder

Lösung über proportionale Zuordnung:

$$\frac{27\,000\,000}{100} = \frac{x}{10} \quad \Big|\cdot 10$$

$$x = \frac{27\,000\,000 \cdot 10}{100}$$

$$x = \frac{27\,000\,000}{10} = 2\,700\,000$$

2,7 Millionen Internetkäufer bestellten Lebensmittel.

c) Ansatz 1 ist richtig.
Die Anzahl der Käufer über das Internet ist um 7 % gestiegen und beträgt nach der Steigerung 27 000 000.
Dieser Wert entspricht 107 %. Die Zahl vor dem Zuwachs, also der ursprüngliche Wert (Grundwert) von 100 %, ist gesucht.

1) $\frac{27\,000\,000}{107} = \frac{x}{100}$ ist der richtige Ansatz.

Aufgabe 4

Das Dreieck kann auf zwei unterschiedliche Arten konstruiert werden.

1. Zeichne die Seite b = 6 cm.
2. Kennzeichne die Eckpunkte A und C.
3. Zeichne einen Kreis um A mit dem Radius c = 8 cm.
4. Trage in C den Winkel $\gamma = 40°$ ab.
5. Bezeichne den entstandenen Schnittpunkt mit B.
6. Verbinde A und B.

oder

1. Zeichne die Seite b = 6 cm.
2. Kennzeichne die Eckpunkte A und C.
3. Trage in C den Winkel $\gamma = 40°$ ab.
4. Zeichne einen Kreis um A mit dem Radius c = 8 cm.
5. Bezeichne den entstandenen Schnittpunkt mit B.
6. Verbinde A und B.

Für die richtige Reihenfolge der Nummerierung ergeben sich

Obere Reihe	① ⑥ ③	**oder**	① ⑥ ④
Untere Reihe	④ ⑤ ②		③ ⑤ ②

Aufgabe 5

Hat ein Gleichungssystem die Lösungsmenge $L = \{(5 \mid -1)\}$, dann heißt das, dass beim Einsetzen von x = 5 und y = –1 beide Gleichungen erfüllt sind und sich wahre Aussagen ergeben.

- I $x + y = 4$
  II $x - y = 6$

  Einsetzen in I: $\mathbf{5} + (\mathbf{-1}) \stackrel{?}{=} 4$
  $4 = 4 \quad \text{(w)}$

  Einsetzen in II: $\mathbf{5} - (\mathbf{-1}) \stackrel{?}{=} 6$
  $5 + 1 \stackrel{?}{=} 6$
  $6 = 6 \quad \text{(w)}$

- I $-x + y = -4$
  II $-x - y = -6$

  Einsetzen in I: $\mathbf{-5} + (\mathbf{-1}) \stackrel{?}{=} -4$

  $-6 = -4$ (f)

  (Einsetzen in II: $\mathbf{-5} - (\mathbf{-1}) \stackrel{?}{=} -6$

  $-5 + 1 \stackrel{?}{=} -6$

  $-4 = -6$ (f)) Dieser Schritt ist nicht mehr notwendig!

- I $x - y = 4$
  II $x + y = 6$

  Einsetzen in I: $\mathbf{5} - (\mathbf{-1}) \stackrel{?}{=} 4$

  $5 + 1 \stackrel{?}{=} 4$

  $6 = 4$ (f)

  (Einsetzen in II: $\mathbf{5} + (\mathbf{-1}) \stackrel{?}{=} 6$

  $4 = 6$ (f)) Dieser Schritt ist nicht mehr notwendig!

- I $-x - y = -4$
  II $-x + y = -6$

  Einsetzen in I: $\mathbf{-5} - (\mathbf{-1}) \stackrel{?}{=} -4$

  $-5 + 1 \stackrel{?}{=} -4$

  $-4 = -4$ (w)

  Einsetzen in II: $\mathbf{-5} + (\mathbf{-1}) \stackrel{?}{=} -6$

  $-6 = -6$ (w)

	wahr	falsch
I $x + y = 4$ II $x - y = 6$	☒	☐
I $x - y = 4$ II $x + y = 6$	☐	☒
I $-x + y = -4$ II $-x - y = -6$	☐	☒
I $-x - y = -4$ II $-x + y = -6$	☒	☐

Aufgabe 6

Da die Leiter auf einem 2 m hohen Feuerwehrwagen befestigt ist, muss sie eine Höhe von 15 m $(17-2=15)$ überbrücken.

Berechnung der Länge der Leiter:

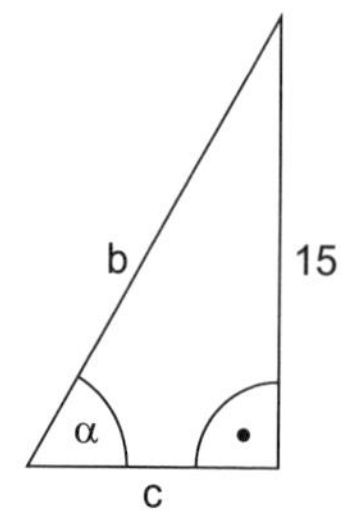

$$\sin\alpha = \frac{\text{Gegenkathete}}{\text{Hypotenuse}}$$

$$\sin 75^\circ = \frac{15}{b} \qquad |\cdot b$$

$$\sin 75^\circ \cdot b = 15 \qquad |:\sin 75^\circ$$

$$b = \frac{15}{\sin 75^\circ}$$

$$b \approx 15{,}53$$

Bei einem Neigungswinkel von 75° muss die Feuerwehrleiter 15,53 m lang sein.

Berechnung der Entfernung zur Hauswand:

$$\tan\alpha = \frac{\text{Gegenkathete}}{\text{Ankathete}}$$

$$\tan 75^\circ = \frac{15}{c} \qquad |\cdot c$$

$$\tan 75^\circ \cdot c = 15 \qquad |:\tan 75^\circ$$

$$c = \frac{15}{\tan 75^\circ}$$

$$c \approx 4{,}02$$

oder

$$b^2 = 15^2 + c^2 \qquad \text{Satz des Pythagoras}$$

$$15{,}53^2 = 15^2 + c^2 \qquad |-15^2$$

$$c^2 = 15{,}53^2 - 15^2 \qquad |\sqrt{\ }$$

$$c = \sqrt{16{,}1809}$$

$$c \approx 4{,}02$$

Bei einem Neigungswinkel von 75° muss die Feuerwehrleiter 4,02 m von der Hauswand entfernt stehen.

Aufgabe 7

- Kostenkalkulation für das Auto:
  Die Benzinkosten müssen berechnet werden, alle anderen Kosten werden dem Text entnommen.

  Berechnung der Benzinkosten:
  Das Auto verbraucht im Schnitt 6 ℓ Benzin für 100 km. Berechne den Durchschnittsverbrauch in ℓ für die jährliche Fahrstrecke von ca. 20 000 km.

  Lösung über Dreisatz:

$$100\text{ km} \mathrel{\hat{=}} 6\ \ell \qquad |:100$$

$$1\text{ km} \mathrel{\hat{=}} \frac{6\ \ell}{100} \qquad |\cdot 20\,000$$

$$20\,000\text{ km} \mathrel{\hat{=}} \frac{6\ \ell \cdot 20\,000}{100} = 6\ \ell \cdot 200 = 1\,200\ \ell$$

  oder

  Lösung über proportionale Zuordnung:

$$\frac{6}{100} = \frac{x}{20\,000} \qquad |\cdot 20\,000$$

$$x = \frac{6 \cdot 20\,000}{100}$$

$$x = 1\,200$$

  1 ℓ Benzin wird mit 1,50 € veranschlagt.
  1 200 ℓ Benzin sind daher mit 1 200 · 1,50 € = 1 800 € zu veranschlagen.

Versicherungskosten	487
Kfz-Steuer	156
Werkstattkosten	1 100
Parkgebühren	50
Benzinkosten	1 800
GESAMT	3 593

- Kostenkalkulation für öffentliche Verkehrsmittel:

2 Jahreskarten für Erwachsene (2 · 670 €)	1 340
Schülerticket für Nils	260
Geschwisterkarte für Wiebke	160
GESAMT	1 760

  Für Familie Spar ist die Nutzung der öffentlichen Verkehrsmittel viel günstiger. Sie spart ungefähr die Hälfte.

Aufgabe 8

a) Es handelt sich um einen zweistufigen Zufallsversuch mit unterschiedlichen Wahrscheinlichkeiten.

Baumdiagramm:

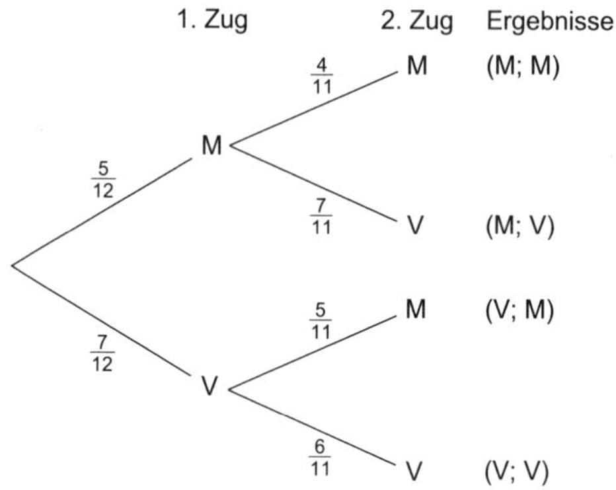

b) Es gilt die Pfadregel:

$$P(M;M) = \frac{5}{12} \cdot \frac{4}{11} = \frac{5}{3} \cdot \frac{1}{11} = \frac{5}{33} \approx 0{,}1515 = 15{,}15\ \%$$

Mit einer Wahrscheinlichkeit von 15,15 % ziehen beide Schülerinnen ein Täfelchen mit Marzipanfüllung.

Aufgabe 9

a) Berechnung des Verbrauchs des Mittels pro Woche:

Dreisatz:

$$10\ m^3 \mathrel{\hat{=}} 80\ m\ell \qquad |:10$$

$$1\ m^3 \mathrel{\hat{=}} \frac{80\ m\ell}{10} \qquad |\cdot 208$$

$$208\ m^3 \mathrel{\hat{=}} \frac{80\ m\ell \cdot 208}{10} = 1\,664\ m\ell$$

oder

Proportionale Zuordnung:

$$\frac{80}{10} = \frac{x}{208} \qquad |\cdot 208$$

$$x = \frac{80 \cdot 208}{10}$$

$$x = 1\,664$$

Pro Woche braucht man 1 664 $m\ell$ bzw. 1,664 ℓ des Mittels.

$$\frac{5}{1{,}664} \approx 3{,}00$$

Ein 5-Liter-Kanister reicht für 3 Wochen.

b) Der Maßstab 1 : 50 bedeutet:
1 cm in der Zeichnung entspricht 50 cm in Wirklichkeit.
1 m (100 cm) in Wirklichkeit entspricht also 2 cm in der Zeichnung.
10,2 m in Wirklichkeit entsprechen $10{,}2 \cdot 2$ cm = 20,4 cm in der Zeichnung.

oder

$$\frac{1}{50} = \frac{x}{1\,020} \qquad | \cdot 1\,020 \; (10{,}2 \text{ m} = 1\,020 \text{ cm})$$

$$x = \frac{1 \cdot 1\,020}{50}$$

$$x = 20{,}4$$

Die Gesamtbreite des Pools muss in der Zeichnung 20,4 cm lang sein.

c) Zerlegung der Querschnittsfläche in bekannte Flächen:

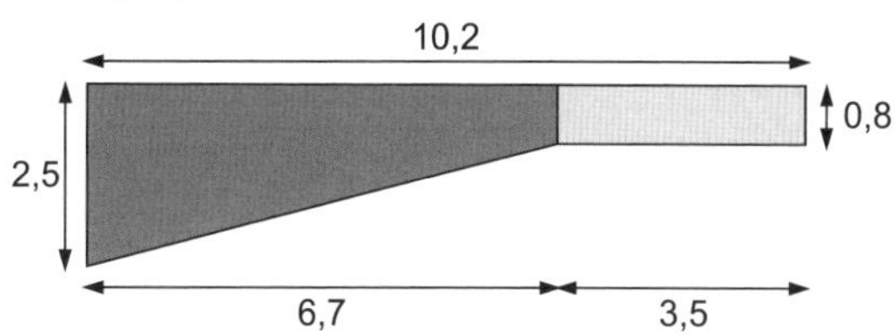

Flächeninhalt Trapez:

$$A = \frac{a+c}{2} \cdot h$$

$$A = \frac{2{,}5+0{,}8}{2} \cdot 6{,}7$$

$$A = 11{,}055$$

Flächeninhalt Rechteck:

$$A = a \cdot b$$
$$A = 3{,}5 \cdot 0{,}8$$
$$A = 2{,}8$$

Flächeninhalt Querschnitt:

$$A = 11{,}055 + 2{,}8$$
$$A = 13{,}855$$
$$A \approx 13{,}86$$

Der Flächeninhalt des Querschnitts beträgt ca. 13,86 m^2.

oder

Zerlegung der Querschnittsfläche in bekannte Flächen:

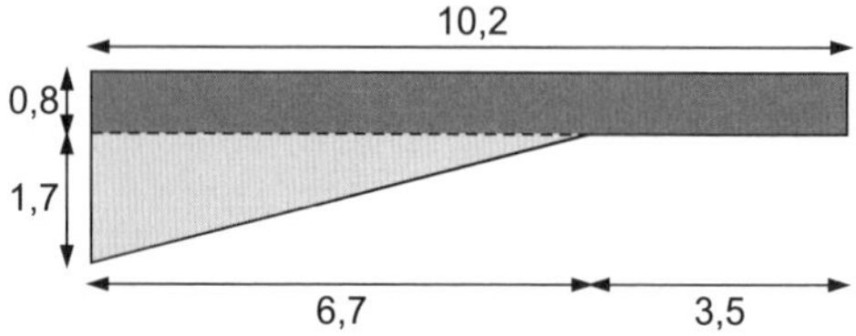

Flächeninhalt Rechteck:

$A = a \cdot b$

$A = 10{,}2 \cdot 0{,}8$

$A = 8{,}16$

Flächeninhalt Dreieck:

$A = \frac{g \cdot h}{2}$

$A = \frac{1{,}7 \cdot 6{,}7}{2}$

$A = 5{,}695$

Flächeninhalt Querschnitt:

$A = 8{,}16 + 5{,}695$

$A = 13{,}855$

$A \approx 13{,}86$

Der Flächeninhalt des Querschnitts beträgt ca. 13,86 m^2.

d) Man muss sich den Pool als liegendes Prisma vorstellen. Für jedes Prisma gilt die Formel $V = G \cdot h$, also Volumen = Grundfläche des Körpers · Körperhöhe.

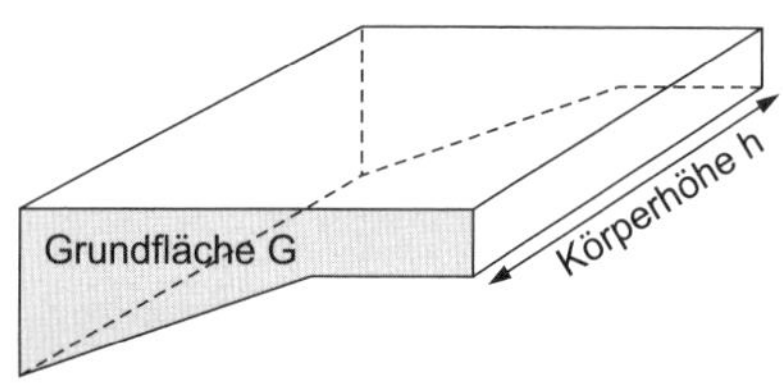

Die Grundfläche ist die zusammengesetzte Fläche aus Teilaufgabe c.
Multipliziert man diesen Wert mit der nicht bekannten Länge des Pools, so erhält man das Volumen des Pools.

Aufgabe 10

a) Der „durchschnittliche Umfang“ ist das Gleiche wie das arithmetische Mittel oder der Mittelwert der sechs Messwerte.

Berechnung des durchschnittlichen Umfangs m:

$$m = \frac{\text{Summe aller Werte}}{\text{Anzahl aller Werte}}$$

$$m = \frac{142 + 143 + 139 + 144{,}5 + 141{,}5 + 136}{6}$$

$$m = \frac{846}{6}$$

$$m = 141$$

Der durchschnittliche Umfang der sechs Fichten beträgt 141 cm.

b) Ein Baumstamm entspricht einem Zylinder mit einem Radius von $r = 22{,}5\text{ cm} = 0{,}225\text{ m}$ und einer Körperhöhe von 28 m.

Volumen eines Baumstamms:

$$V = \pi \cdot r^2 \cdot h$$

$$V = \pi \cdot 0{,}225^2 \cdot 28$$

$$V \approx 4{,}45$$

Es werden insgesamt 70 m^3 Holz benötigt.

$70 : 4{,}45 \approx 15{,}73$

Der Förster muss 16 Bäume fällen lassen.

Punkte

Aufgabe 1 12 P.

Kalkül

a) Lösen Sie die Gleichung $-3(x+14)=-45$.

b) Eine Wespe schlägt etwa 23-mal in der Sekunde mit den Flügeln. Wie viele Flügelschläge macht die Wespe in der Minute, wenn sie ihre Flügel immer gleich schnell bewegt?

c) Ein Glücksrad ist in acht gleich große Felder eingeteilt. Wie groß ist die Wahrscheinlichkeit, bei einmaligem Drehen des Glücksrads eine Eins zu bekommen?

☐ $\frac{1}{8}$ ☐ $\frac{1}{4}$ ☐ $\frac{3}{8}$ ☐ $\frac{1}{3}$

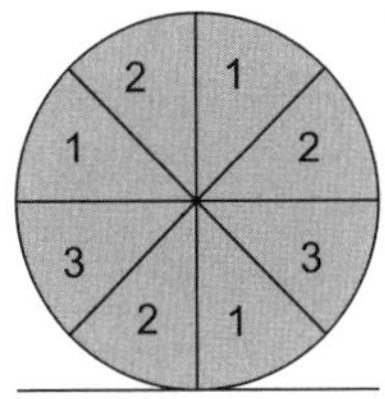

d) Die Zahlenmauern entstehen durch Addition der Zahlen zweier benachbarter Steine. Tragen Sie die fehlenden Zahlen ein.

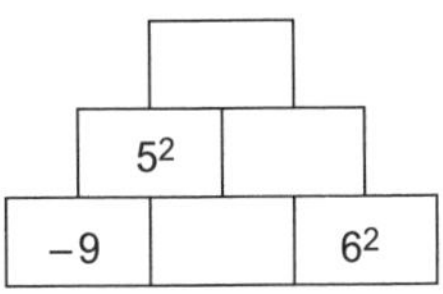

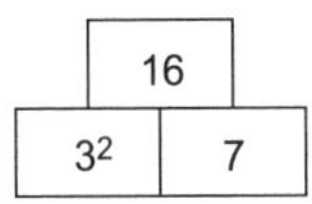

Beispiel

e) Bestimmen Sie alle Lösungen der Gleichung $x^2-1=120$.

f) Geben Sie eine Formel zur Bestimmung der Seitenlänge r an.

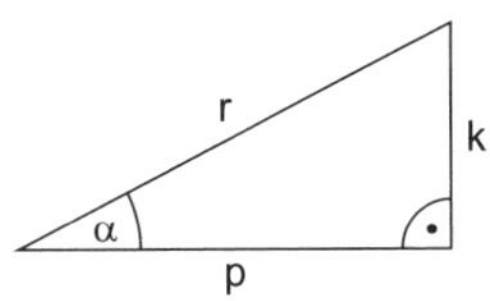

g) Vergleichen Sie. Setzen Sie das richtige Relationszeichen (<; > oder =).

$\frac{3}{5}$ ☐ $\frac{3}{7}$

h) Ein Quader hat ein Volumen von $500\ cm^3$. Welche Maße könnte er haben? Geben Sie eine Möglichkeit an.

Aufgabe 2 5 P.

Zugspitze

Auf der Zugspitze, dem höchsten Berg Deutschlands, wurden im Sommer 2009 rund 6 000 m^2 Gletscherfläche mit Matten abgedeckt. Die Matten sollen den Gletscher vor Sonnenwärme und Regen schützen und ihn damit erhalten. Jede Matte ist 5 m breit und 30 m lang.

Foto: Christian Nawroth; http://de.wikipedia.org/w/index.php?title=Datei:ZugspitzeJubilaeumsgratHoellental.JPG&filetimestamp=20080116151508; lizenziert gemäß Creativ Commons Lizenz 3.0

a) Berechnen Sie, wie viele Matten mindestens verlegt werden müssen.

b) Die abgedeckte Schneemenge wurde auf 80 000 m^3 Volumen geschätzt. Berechnen Sie, wie hoch die Schneeschicht unter dieser Voraussetzung im Durchschnitt ist.

Aufgabe 3 5 P.

Flugzeug

Ein Flugzeug startet auf der Startbahn an der Stelle S und steigt mit einem Winkel von 7°.

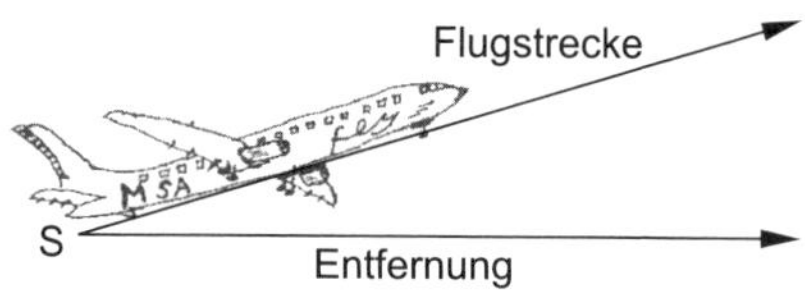

a) Das Rathaus von Altenkirchen ist 29 km von der Stelle S entfernt. Das Flugzeug fliegt genau in Richtung Rathaus.

   Berechnen Sie, in welcher Höhe sich das Flugzeug beim Überfliegen des Rathauses befindet. Fertigen Sie dazu eine eigene passende Skizze an.

b) Stellen Sie eine allgemeine Gleichung auf, mit der Sie aus der Flughöhe h die zurückgelegte Flugstrecke berechnen können.

Aufgabe 4 5 P.

Lesen

Im Jahr 2008 befragte die Stiftung Lesen Jugendliche und Erwachsene zum Leseverhalten. Eine Zeitung beschrieb die Ergebnisse der Befragung.

a) Sind die folgenden Aussagen mathematisch korrekt formuliert (w) oder nicht (f)? Kreuzen Sie jeweils an.

	wahr	falsch
1. Jeder vierte Erwachsene und Jugendliche liest nie Bücher. 1992 waren es noch mehr, nämlich 20 %.	☐	☐
2. Ca. 3 % aller Erwachsenen und Jugendlichen, also ungefähr ein Drittel, lesen mehr als 50 Bücher pro Jahr.	☐	☐
3. 225 von 500 der 14- bis 19-Jährigen erklärte, als Kind nie ein Buch geschenkt bekommen zu haben. Das sind immerhin 45 %.	☐	☐

b) Begründen Sie **eine** Ihrer Entscheidungen.

Aufgabe 5

5 P.

Autobahn

Die Fahrbahn einer Autobahn hat eine vorgeschriebene Dicke von 270 mm. Zur Kontrolle der Dicke wird die Fahrbahn durchbohrt.

a) Ein neuer Fahrstreifen soll überprüft werden. Er ist 3 km lang und 3,75 m breit. Pro angefangene 1 000 m^2 Fahrbahnfläche wird eine Bohrung vorgenommen. Berechnen Sie, wie viele Bohrungen in diesem Fahrstreifen gemacht werden müssen.

b) In einem anderen Fahrbahnabschnitt wurden acht Bohrungen vorgenommen. Es wurden folgende Dicken gemessen (Angaben in mm):
269; 267; 265,5; 265,5; 266; 269,5; 271; 273.

Ein Bauabschnitt wird nur genehmigt, wenn zwei Bedingungen erfüllt sind:

1. Bedingung:
Die Dicke der Fahrbahndecke darf maximal 5 mm von der vorgeschriebenen Dicke von 270 mm abweichen.

2. Bedingung:
Die Dicke der Betondecke darf im Durchschnitt (arithmetisches Mittel) nicht unter 267 mm liegen.

Wird der Abschnitt genehmigt? Überprüfen Sie dazu beide Bedingungen und notieren Sie Ihren Lösungsweg.

Aufgabe 6 6 P.

Flächenberechnung

In der Zeichnung rechts gilt:

Kreisradius: r = 8 cm,

Seitenlänge a des Rechtecks: a = 6,5 cm.

Berechnen Sie den Flächeninhalt der weißen Fläche innerhalb des Viertelkreises.

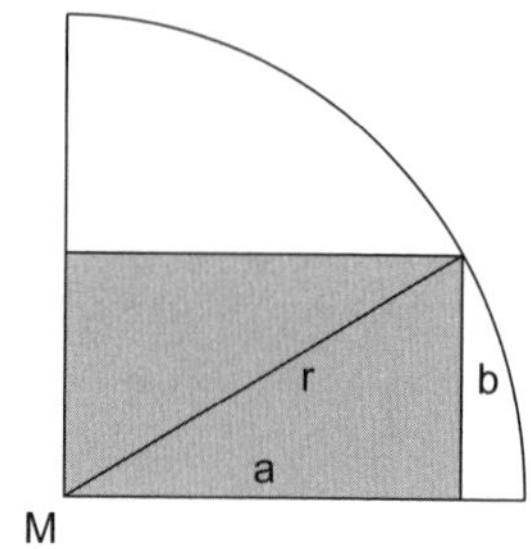

Aufgabe 7 8 P.

Mietauto

SPAR-ANGEBOT der Firma „Ziehfix“		
Wagentyp	**Tagesmiete einschl. 100 km**	**pro Mehr-km**
Transporter	73 €	0,18 €
Klein-Lkw	87 €	0,22 €
Lkw	125 €	0,30 €

a) Jens muss von Berlin nach München umziehen. Dazu will er bei der Firma „Ziehfix“ einen Lkw mieten. Er rechnet mit einer Fahrstrecke von 500 km. In München kann er den Lkw bei einer Partnerfirma von „Ziehfix“ abgeben und muss ihn nicht nach Berlin zurückbringen. Für die Miete des Lkw hat er 250,00 € eingeplant. Begründen Sie durch eine Rechnung, ob dieser Betrag reicht.

b) Familie Müller will am Wochenende in eine 65 km entfernte Stadt umziehen und überlegt, ob sie den Transporter nehmen soll. Dann muss sie allerdings zweimal fahren. Mit dem Klein-Lkw müsste sie nur einmal fahren. Berechnen Sie für beide Möglichkeiten die entstehenden Kosten.

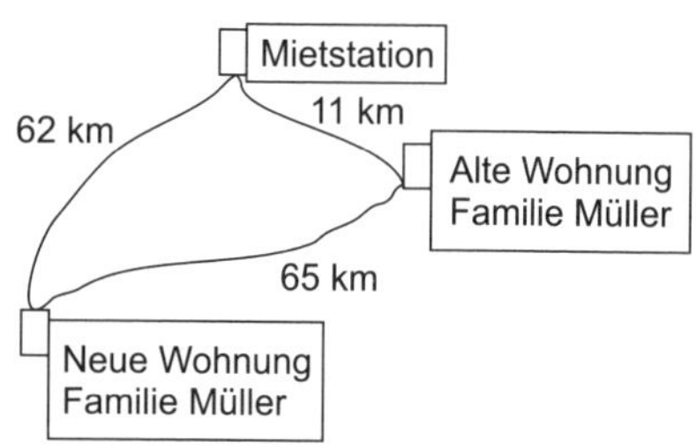

c) Mit einem gemieteten Lkw werden mehr als 100 km gefahren. Stellen Sie einen Term auf, mit dem man für beliebig viele gefahrene Kilometer den Gesamtpreis errechnen kann. Geben Sie an, wofür die Variable in dem Term steht.

Aufgabe 8

7 P.

Streichhölzchen

Ein mögliches Losverfahren ist das „Ziehen“ von Streichhölzchen: Von drei gleichen Streichhölzern wird eines verkürzt. Derjenige, der verdeckt das kurze Hölzchen zieht, hat verloren.

a) Zeichnen Sie zu diesem Zufallsversuch ein beschriftetes Baumdiagramm.

b) Bestimmen Sie die Wahrscheinlichkeit zu verlieren
- für den, der als erster zieht,
- für den, der als zweiter zieht,
- für den, der als letzter zieht.

Aufgabe 9

9 P.

Bremsweg

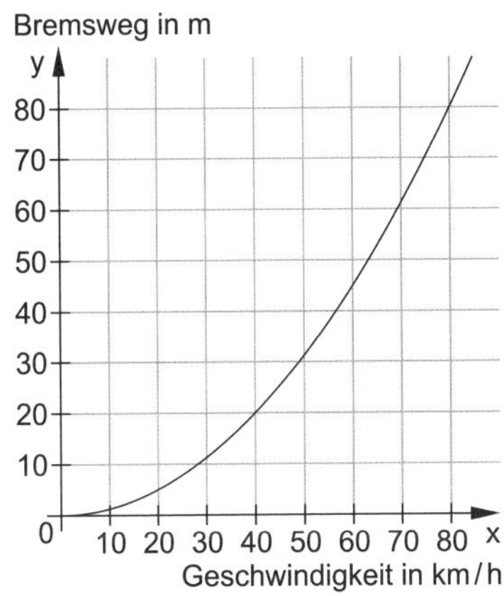

Im Diagramm wird für eine nasse Straße die Länge des Bremswegs in Abhängigkeit von der Geschwindigkeit dargestellt.
Die Länge des Bremswegs eines Autos kann näherungsweise mit der Gleichung

$y = a \cdot x^2$

berechnet werden. Dabei gibt x die Geschwindigkeit des Autos und y die Länge des Bremsweges an. Der „Bremsfaktor“ a hängt von der Kraft ab, mit der das Bremspedal betätigt wird, aber auch vom Straßenzustand und vom Reifenprofil.

a) Wenn man den Bremsweg in Metern und die Geschwindigkeit in $\frac{\text{km}}{\text{h}}$ angibt, dann beträgt der Faktor a für eine nasse Straße 0,0125. Ein Auto fährt mit einer Geschwindigkeit von 95 $\frac{\text{km}}{\text{h}}$. Berechnen Sie die Länge des Bremsweges.

b) Welche Geschwindigkeit hatte ein Auto vor dem Bremsen, das auf nasser Straße ($a = 0{,}0125$) einen 200 m langen Bremsweg hat? Notieren Sie Ihre Rechnung.

c) Herr Schulze und Frau Lehmann bremsen ihre Autos ab. Es gilt der gleiche Bremsfaktor. Frau Lehmann fährt aber doppelt so schnell wie Herr Schulze. Um wie viel länger ist Frau Lehmanns Bremsweg im Vergleich zu Herrn Schulzes Bremsweg? Begründen Sie Ihre Meinung.

d) Der Faktor a hat für eine trockene Straße einen anderen Wert als für eine nasse Straße. Skizzieren Sie in dem obigen Diagramm einen möglichen Graphen für eine trockene Straße.
Begründen Sie den Verlauf des Graphen.

Lösung

Aufgabe 1

a) $-3(x+14)=-45$

$$\begin{aligned} -3x-42 &= -45 \quad &|+42 \\ -3x &= -3 \quad &|:(-3) \\ x &= 1 \end{aligned}$$

b) Eine Wespe schlägt 23-mal in der Sekunde mit ihren Flügeln. Eine Minute hat 60 Sekunden.

Anzahl der Flügelschläge in der Minute:
$23 \cdot 60 = 1\,380$

Die Wespe schlägt 1 380-mal in der Minute mit ihren Flügeln.

c) Günstiges Ergebnis: $E=\{1\}$
Anzahl der günstigen Ergebnisse (Felder mit „1"): 3
Anzahl der möglichen Ergebnisse (alle Felder): 8

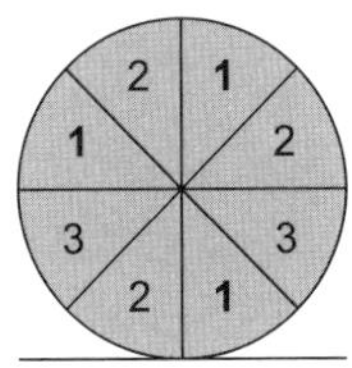

$P(E)=\frac{3}{8}$

☐ $\frac{1}{8}$ ☐ $\frac{1}{4}$ ☒ $\frac{3}{8}$ ☐ $\frac{1}{3}$

d) Bei der Berechnung der fehlenden Zahlen geht man in der Zahlenmauer von unten nach oben. Dabei beginnt man mit dem Mauerteil, bei dem bereits zwei von drei Zahlen bekannt sind.

Berechnung der fehlenden Zahlen:

$$\begin{aligned} -9+x_1 &= 5^2 \\ -9+x_1 &= 25 \quad |+9 \\ x_1 &= \mathbf{34} \end{aligned}$$

$$\begin{aligned} x_2 &= 34+6^2 \\ x_2 &= 34+36 \\ x_2 &= \mathbf{70} \end{aligned}$$

$$\begin{aligned} x_3 &= 5^2+70 \\ x_3 &= 25+70 \\ x_3 &= \mathbf{95} \end{aligned}$$

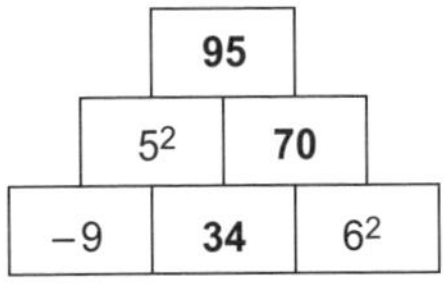

e) Lösung der quadratischen Gleichung:

$x^2 - 1 = 120 \quad |+1$

$x^2 = 121 \quad |\sqrt{\;}$

$x_1 = +11 \qquad x_2 = -11$

oder

Lösung mithilfe der p-q-Formel:

$x^2 - 1 = 120 \qquad |-120$

$x^2 - 121 = 0 \qquad$ (Normalform; p = 0; q = −121)

$$x_{1/2} = -\frac{p}{2} \pm \sqrt{\left(\frac{p}{2}\right)^2 - q}$$

$$x_{1/2} = -\frac{0}{2} \pm \sqrt{\left(\frac{0}{2}\right)^2 - (-121)}$$

$$x_{1/2} = \pm\sqrt{121}$$

$$x_{1/2} = \pm 11$$

$x_1 = +11 \qquad x_2 = -11$

f) Es handelt sich um ein rechtwinkliges Dreieck mit r als Hypotenuse.

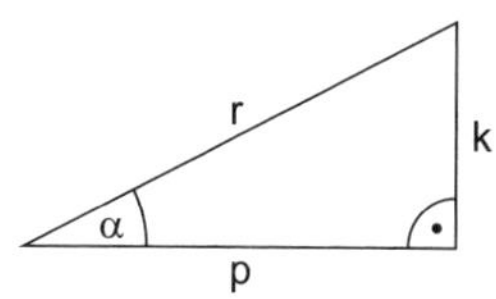

Satz des Pythagoras:

$r^2 = p^2 + k^2 \quad |\sqrt{\;}$

$r = \sqrt{p^2 + k^2}$

oder

$$\sin\alpha = \frac{\text{Gegenkathete}}{\text{Hypotenuse}}$$

$\sin\alpha = \frac{k}{r} \qquad |\cdot r$

$r \cdot \sin\alpha = k \qquad |:\sin\alpha$

$$r = \frac{k}{\sin\alpha}$$

oder

$$\cos\alpha = \frac{\text{Ankathete}}{\text{Hypotenuse}}$$

$\cos\alpha = \frac{p}{r} \qquad |\cdot r$

$r \cdot \cos\alpha = p \qquad |:\cos\alpha$

$$r = \frac{p}{\cos\alpha}$$

g) Lösung durch Erweitern:

$$\frac{3}{5} = \frac{21}{35} > \frac{15}{35} = \frac{3}{7}$$

$$\frac{3}{5} \boxed{>} \frac{3}{7}$$

oder

Lösung durch Umwandeln in Dezimalzahlen:

$3:5 = 0{,}6 > 0{,}4285\ldots = 3:7$

$$\frac{3}{5} \boxed{>} \frac{3}{7}$$

h) Für das Volumen eines Quaders gilt die Formel $V = a \cdot b \cdot c$. Um mögliche Maße bestimmen zu können, gibt man sich für a und b sinnvolle Werte vor und berechnet dann mithilfe der Volumenformel und des gegebenen Volumens $V = 500\ \text{cm}^3$ die Länge der noch fehlenden Seite c.

Umstellen der Volumenformel nach c:

$$V = a \cdot b \cdot c \quad \Rightarrow \quad c = \frac{V}{a \cdot b}$$

Berechnung möglicher Maße:

$a = 20;\ b = 10$

$$c = \frac{500}{20 \cdot 10}$$

$c = 2{,}5$

Mögliche Maße: a = 20 cm; b = 10 cm; c = 2,5 cm

oder

$a = 5;\ b = 10$

$$c = \frac{500}{5 \cdot 10}$$

$c = 10$

Mögliche Maße:
a = 5 cm; b = 10 cm; c = 10 cm

oder

$a = 4;\ b = 5$

$$c = \frac{500}{4 \cdot 5}$$

$c = 25$

Mögliche Maße:
a = 4 cm; b = 5 cm; c = 25 cm

Aufgabe 2

a) Flächeninhalt einer Matte in m^2:
$A = 5 \cdot 30$
$A = 150$

6 000 m^2 Gletscherfläche müssen abgedeckt werden.

Anzahl benötigter Matten:
$6\,000 : 150 = 40$
Es müssen mindestens 40 Matten verlegt werden.

b) Der Gletscher entspricht einem Prisma mit einem Volumen von $V = 80\,000\ m^3$.

Es gilt:

$$V = \text{Grundfläche} \cdot \text{Körperhöhe}$$
$$80\,000 = 6\,000 \cdot h \qquad |:6\,000$$
$$h = 13,\overline{3}$$

Im Durchschnitt ist die Schneeschicht etwa 13,33 m hoch.

Aufgabe 3

a) Weil das Flugzeug genau in die Richtung des Rathauses fliegt, ergibt sich ein rechtwinkliges Dreieck.

Skizze:

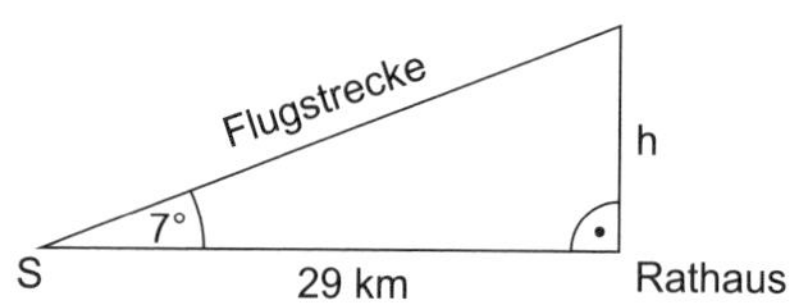

Berechnung der Flughöhe h:

$$\tan\alpha = \frac{\text{Gegenkathete}}{\text{Ankathete}}$$
$$\tan 7° = \frac{h}{29} \qquad |\cdot 29$$
$$h = \tan 7° \cdot 29$$
$$h \approx 3,56$$

Das Flugzeug überfliegt das Rathaus in einer Höhe von etwa 3,56 km.

b) Aufstellen der allgemeinen Gleichung:

Flughöhe: h (Gegenkathete zu α)
Flugstrecke: x (Hypotenuse)

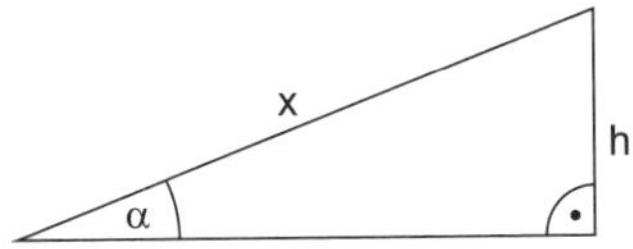

$$\sin\alpha = \frac{\text{Gegenkathete}}{\text{Hypotenuse}}$$

$$\sin\alpha = \frac{h}{x} \qquad |\cdot x$$

$$x \cdot \sin\alpha = h \qquad |:\sin\alpha$$

$$x = \frac{h}{\sin\alpha}$$

Aufgabe 4

a)

	wahr	falsch
1. Jeder vierte Erwachsene und Jugendliche liest nie Bücher. 1992 waren es noch mehr, nämlich 20 %.	☐	☒
2. Ca. 3 % aller Erwachsenen und Jugendlichen, also ungefähr ein Drittel, lesen mehr als 50 Bücher pro Jahr.	☐	☒
3. 225 von 500 der 14- bis 19-Jährigen erklärte, als Kind nie ein Buch geschenkt bekommen zu haben. Das sind immerhin 45 %.	☒	☐

b)
- Aussage 1 ist falsch:
  Jeder Vierte bedeutet „1 von 4" $\triangleq \frac{1}{4} = 0{,}25 = 25\ \%$. Das sind aber mehr als 20 %. Die Aussage ist also falsch.

  oder

  $20\ \% = \frac{20}{100} = \frac{1}{5} \triangleq$ „jeder Fünfte". Das ist aber weniger als jeder Vierte. Die Aussage ist also falsch.

- Aussage 2 ist falsch:
  „ein Drittel" $= \frac{1}{3} \approx 33{,}33\ \%$. Das sind viel mehr als 3 %. Die Aussage ist also falsch.

- Aussage 3 ist richtig:
  Berechnung des Prozentsatzes:

  $$\frac{225}{500} = 0{,}45 = 45\ \%$$

oder

Lösung durch Erweitern:

$$45\,\% = \frac{45}{100} = \frac{225}{500} \quad \text{(mit 5 erweitert)}$$

oder

Lösung über proportionale Zuordnung:

$$\frac{500}{100} = \frac{225}{x} \qquad |\cdot x \;|\cdot 100$$

$$500 \cdot x = 225 \cdot 100 \qquad |:500$$

$$x = \frac{225 \cdot 100}{500}$$

$$x = 45$$

oder

Lösung mit dem Dreisatz:

$$500 \text{ Befragte } \triangleq 100\,\% \qquad |:500$$

$$1 \text{ Befragter } \triangleq 0{,}2\,\% \qquad |\cdot 225$$

$$225 \text{ Befragte } \triangleq 45\,\%$$

Aufgabe 5

a) Zunächst werden alle Angaben in dieselbe Einheit umgewandelt:
3 km = 3 000 m

Berechnung der Fläche des rechteckigen Fahrstreifens in m^2:

$A = a \cdot b$

$A = 3\,000 \cdot 3{,}75$

$A = 11\,250$

Pro 1 000 m^2 Fahrbahnfläche wird eine Bohrung vorgenommen.

Anzahl der benötigten Bohrungen:
11 250 : 1 000 = 11,25

Achtung: Hier muss aufgerundet werden, weil 11 Bohrungen für 11 250 m^2 nicht ausreichen.

Es müssen 12 Bohrungen vorgenommen werden.

b) • Überprüfung der 1. Bedingung:
Bestimmung der Abweichungen:

Dicke der Fahrbahn [mm]	269	267	265,5	265,5	266	269,5	271	273
Abweichung [mm] (270 mm – Dicke [mm])	–1	–3	–4,5	–4,5	–4	–0,5	+1	+3

Da kein Wert mehr als 5 mm von der vorgeschriebenen Dicke abweicht, ist die 1. Bedingung erfüllt.

oder

Die Dicke der Fahrbahndecke darf um maximal 5 mm von 270 mm abweichen. Keine Bohrung darf eine Dicke kleiner als $(270-5)\text{ mm} = 265\text{ mm}$ oder größer als $(270+5)\text{ mm} = 275\text{ mm}$ aufweisen. Da dies für jede der 8 Bohrungen zutrifft, ist die 1. Bedingung erfüllt.

• Überprüfung der 2. Bedingung:
Berechnung der durchschnittlichen Dicke d (arithmetisches Mittel der 8 Messwerte):

$$d = \frac{269+267+265{,}5+265{,}5+266+269{,}5+271+273}{8}$$

$$d = \frac{2\,146{,}5}{8}$$

$$d = 268{,}3125$$

Der Durchschnitt ist größer als 267 mm. Damit ist die 2. Bedingung erfüllt.

Weil beide Bedingungen erfüllt sind, wird der Abschnitt genehmigt.

Aufgabe 6

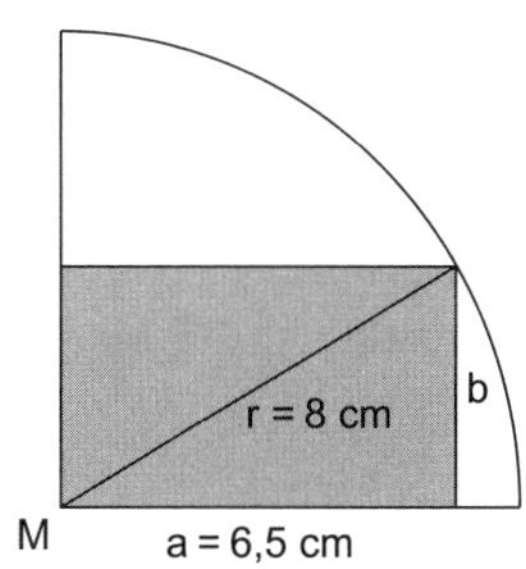

Flächeninhalt des Vollkreises:

$$A_K = \pi \cdot r^2$$

$$A_K = \pi \cdot 8^2$$

$$A_K \approx 201{,}06$$

Flächeninhalt des Viertelkreises:

$$A_{VK} = \frac{1}{4} \cdot A_K$$

$$A_{VK} = \frac{1}{4} \cdot 201{,}06$$

$$A_{VK} \approx 50{,}27$$

Flächeninhalt des Rechtecks:
Um den Flächeninhalt des Rechtecks berechnen zu können, muss zunächst die Länge der Seite b bestimmt werden. Da das Dreieck mit den Seiten a, b und r rechtwinklig ist, kann die Seitenlänge b mit dem Satz des Pythagoras ermittelt werden:

$r^2 = a^2 + b^2$

$8^2 = 6,5^2 + b^2 \qquad | -6,5^2$

$b^2 = 8^2 - 6,5^2$

$b^2 = 64 - 42,25$

$b^2 = 21,75 \qquad | \sqrt{\ }$

$b \approx 4,66$

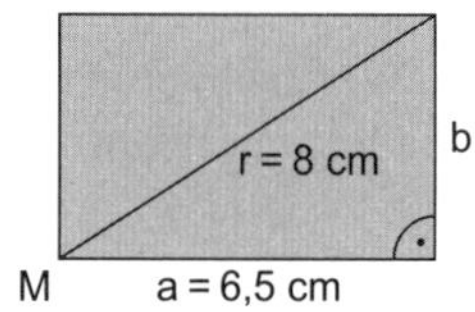

Flächeninhalt des Rechtecks:

$A_R = a \cdot b$

$A_R = 6,5 \cdot 4,66$

$A_R = 30,29$

Flächeninhalt der weißen Fläche:

$A = A_{VK} - A_R$

$A = 50,27 - 30,29$

$A \approx 19,98$

Der Flächeninhalt der weißen Fläche beträgt 19,98 cm^2.

Aufgabe 7

a) In der Tagesmiete für den Lkw sind 100 km enthalten.

Anzahl der Mehr-km:
$500 - 100 = 400$

Kosten für die Mehr-km:
$400 \cdot 0,3 = 120$

Kosten für den Lkw:

Tagesmiete einschl. 100 km:	125 €
Mehr-km:	120 €
GESAMT	245 €

Der eingeplante Betrag von 250 € reicht aus.

b) • Kosten für den Transporter:
Berechnung der Gesamtstrecke:
Mietstation – alte W. – neue W. – alte W. – neue W. – Mietstation
11 km + 65 km + 65 km + 65 km + 62 km = 268 km

Anzahl der Mehr-km:
$268 - 100 = 168$

Kosten für die Mehr-km:
$168 \cdot 0{,}18 = 30{,}24$

Berechnung der Gesamtkosten für den Transporter:

Tagesmiete einschl. 100 km:	73,00 €
Mehr-km:	30,24 €
GESAMT	103,24 €

• Kosten für den Klein-Lkw:
Berechnung der Gesamtstrecke:
Mietstation – alte W. – neue W. – Mietstation
11 km + 65 km + 62 km = 138 km

Anzahl der Mehr-km:
$138 - 100 = 38$

Kosten für die Mehr-km:
$38 \cdot 0{,}22 = 8{,}36$

Berechnung der Gesamtkosten für den Klein-Lkw:

Tagesmiete einschl. 100 km:	87,00 €
Mehr-km:	8,36 €
GESAMT	95,36 €

Der Transporter kostet 103,24 €, der Klein-Lkw kostet 95,36 €.

c) Der Gesamtpreis (G) setzt sich aus der Tagesmiete und den Kosten für die Mehr-km zusammen:

G = Tagesmiete + (Anzahl gefahrener Kilometer – 100) · Kosten pro Mehr-km

x: Anzahl gefahrener Kilometer
$125 + (x - 100) \cdot 0{,}30$

oder

x: Anzahl gefahrener Kilometer – 100
$125 + x \cdot 0{,}30$

Aufgabe 8

a) Es handelt sich um ein dreistufiges Zufallsexperiment ohne Zurücklegen mit 2 normalen Streichhölzern (N) und einem verkürzten Streichholz (V).

Baumdiagramm:

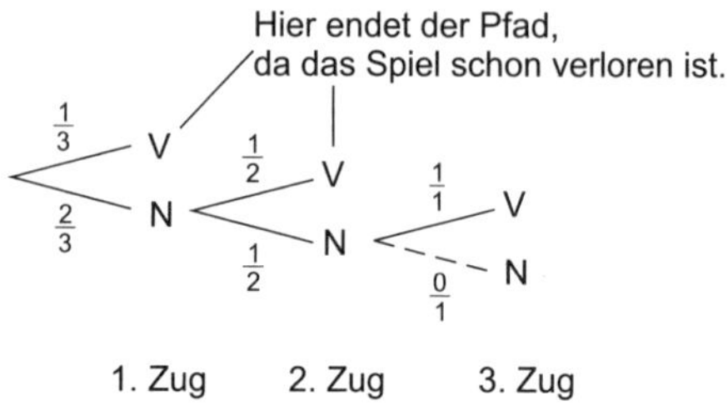

b) Es gilt die Pfadregel:

$$P(\text{Verlierer im 1. Zug}) = P(V) = \frac{1}{3} = 33,\overline{3}\ \%$$

$$P(\text{Verlierer im 2. Zug}) = P(N;\ V) = \frac{2}{3} \cdot \frac{1}{2} = \frac{2}{6} = \frac{1}{3} = 33,\overline{3}\ \%$$

$$P(\text{Verlierer im 3. Zug}) = P(N;\ N;\ V) = \frac{2}{3} \cdot \frac{1}{2} \cdot 1 = \frac{2}{6} = \frac{1}{3} = 33,\overline{3}\ \%$$

Jeder verliert mit einer Wahrscheinlichkeit von $33,\overline{3}\ \%$.

Aufgabe 9

a) Berechnung des Bremsweges y für den Bremsfaktor $a = 0{,}0125$ und die Geschwindigkeit $x = 95$:

$y = a \cdot x^2$

$y = 0{,}0125 \cdot 95^2$

$y = 112{,}8125$

Der Bremsweg beträgt etwa 112,81 m.

b) Berechnung der Geschwindigkeit x für den Bremsfaktor a = 0,0125 und den Bremsweg y = 200:

$$y = a \cdot x^2$$
$$200 = 0{,}0125 \cdot x^2 \quad |:0{,}0125$$
$$x^2 = \frac{200}{0{,}0125}$$
$$x^2 = 16\,000 \quad |\sqrt{}$$
$$x \approx 126{,}49$$

Das Auto hatte vor dem Bremsen eine Geschwindigkeit von etwa $126{,}49\ \frac{km}{h}$.

c) Für Herrn Schulze und Frau Lehmann gilt derselbe Bremsfaktor a. Angenommen, Herr Schulze fährt mit der Geschwindigkeit v, dann hat Frau Lehmann die Geschwindigkeit 2v, weil sie doppelt so schnell wie Herr Schulze fährt.

Bremsweg von Herrn Schulze:

$y_S = a \cdot v^2$

Bremsweg von Frau Lehmann:

$y_L = a \cdot (2v)^2$
$y_L = a \cdot 4 \cdot v^2$
$y_L = 4 \cdot (a \cdot v^2)$
$y_L = 4 \cdot y_S$

Frau Lehmann hat einen viermal so langen Bremsweg wie Herr Schulze.

oder

Da es sich bei der Formel zur Berechnung des Bremsweges $y = a \cdot x^2$ um eine quadratische Funktion handelt, gehört zum Doppelten, Dreifachen … der einen Größe das Vierfache, Neunfache … der anderen Größe. Weil Frau Lehmann doppelt so schnell wie Herr Schulze fährt, ist der Bremsweg von Frau Lehmann viermal so lang wie der von Herrn Schulze.

oder

Lösen durch Beispiele:

(1) Herr Schulze fährt $50\ \frac{km}{h}$ und Frau Lehmann $100\ \frac{km}{h}$. Der Bremsfaktor beträgt a = 0,0125.

Bremsweg von Herrn Schulze:
$y_S = 0{,}0125 \cdot 50^2$
$y_S = 31{,}25$

Bremsweg von Frau Lehmann:
$y_L = 0{,}0125 \cdot 100^2$
$y_L = 125$

Vergleich: $y_L : y_S = 125 : 31{,}25 = 4$

(2) Herr Schulze fährt 10 $\frac{km}{h}$ und Frau Lehmann 20 $\frac{km}{h}$.

Bremsweg von Herrn Schulze:
$y_S = 0{,}0125 \cdot 10^2$
$y_S = 1{,}25$

Bremsweg von Frau Lehmann:
$y_L = 0{,}0125 \cdot 20^2$
$y_L = 5$

Vergleich: $y_L : y_S = 5 : 1{,}25 = 4$

(3) Herr Schulze fährt 20 $\frac{km}{h}$ und Frau Lehmann 40 $\frac{km}{h}$.

Bremsweg von Herrn Schulze:
$y_S = 0{,}0125 \cdot 20^2$
$y_S = 5$

Bremsweg von Frau Lehmann:
$y_L = 0{,}0125 \cdot 40^2$
$y_L = 20$

Vergleich: $y_L : y_S = 20 : 5 = 4$

Offensichtlich ist der Bremsweg bei doppelter Geschwindigkeit viermal so lang.

d)

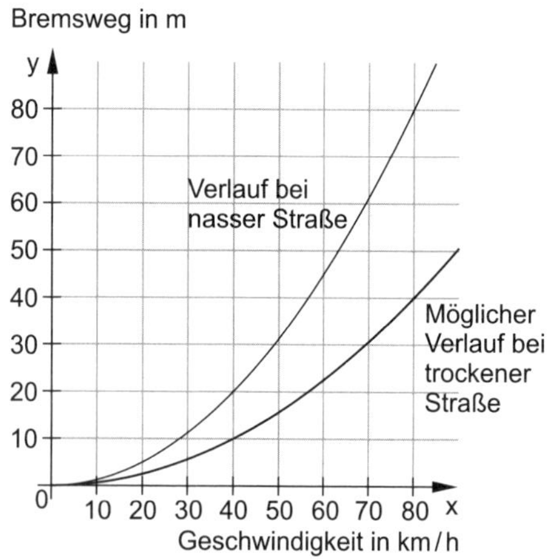

Der Graph für eine trockene Straße liegt unterhalb des Graphen für eine nasse Straße, weil der Bremsweg bei gleicher Geschwindigkeit auf einer trockenen Straße kürzer als auf einer nassen Straße ist.

Mittlerer Schulabschluss Berlin/Brandenburg
Mathematik 2011

Punkte

Aufgabe 1 8 P.

Basisaufgaben

a) Ergänzen Sie die Zeichnung zu einem Parallelogramm ABCD. 1 P.
Geben Sie die Koordinaten des Punktes D an.

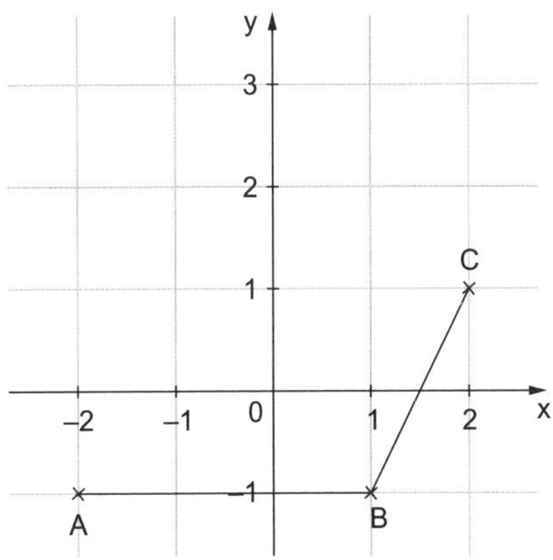

D(___|___)

b) Unterstreichen Sie alle Zahlen, die gleich groß sind. 1 P.

0,001; $0{,}1^2$; 0,1; $\sqrt{0{,}01}$; $\frac{1}{10}$

c) An fünf Tankstellen wurde der Preis für einen Liter Dieselkraftstoff notiert: 1 P.

1,18 €; 1,30 €; 1,23 €; 1,27 €; 1,22 €

Geben Sie den durchschnittlichen Preis für einen Liter Dieselkraftstoff an.

d) Welchen Wert hat der Term $a - b \cdot c$, wenn man folgende Zahlen einsetzt: $a = 6$, $b = -4$ und $c = 3$? 1 P.

Kreuzen Sie an.

☐ 6 ☐ 30 ☐ −6 ☐ 18 ☐ −12

e) Geben Sie a so an, dass gilt: $10^a = 0{,}01$. 1 P.

a = ________

f) Geben Sie für das abgebildete Dreieck eine Gleichung für $\tan\alpha$ an. 1 P.

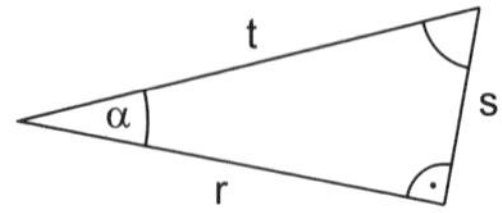

g) Welcher der folgenden Terme entspricht $(b-3a)^2$? Kreuzen Sie an. 1 P.

- ☐ $b^2 + 6a + 9a^2$
- ☐ $b^2 - 6ab + 9a^2$
- ☐ $b^2 - 6a + 9a^2$
- ☐ $b^2 - 9a^2 + 9a^2$
- ☐ $b^2 + 6a^2 + 9a$

h) 25 % entsprechen einem Wert von 55 €. Ermitteln Sie 100 %. 1 P.

Aufgabe 2 10 P.

Quadratische Funktion

Gegeben ist der Graph einer verschobenen Normalparabel mit der Funktionsgleichung $y = f(x) = x^2 + 4x + 3$.

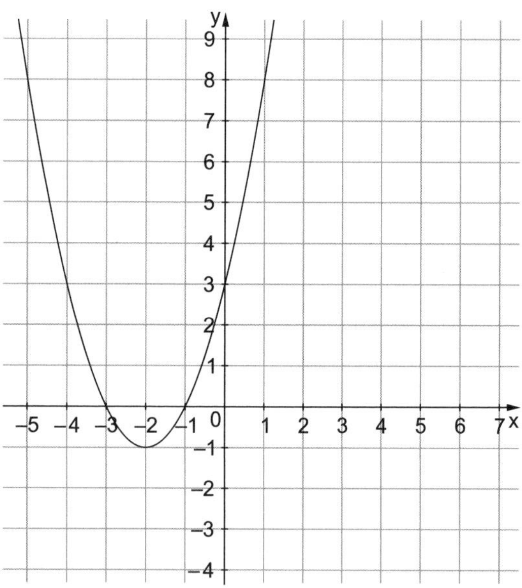

a) Bestätigen Sie durch Rechnungen, dass die angegebene Funktionsgleichung zur dargestellten Parabel gehört. 3 P.

b) P(x | 24) liegt auf der dargestellten Parabel. 3 P.
Berechnen Sie eine mögliche x-Koordinate für P.

c) Der Graph der linearen Funktion g mit der Gleichung: 4 P.
$y = g(x) = -2x - 2$
schneidet die dargestellte Parabel in den Punkten A und B.
Ermitteln Sie die Koordinaten der Punkte A und B.

Aufgabe 3 7 P.

Fähre

Über einen Kanal soll eine Fähre fahren. Auf der Nordseite des Kanals muss die Anlegestelle C angesteuert werden. Auf der Südseite kann sowohl die Anlegestelle A als auch die Anlegestelle B genutzt werden.

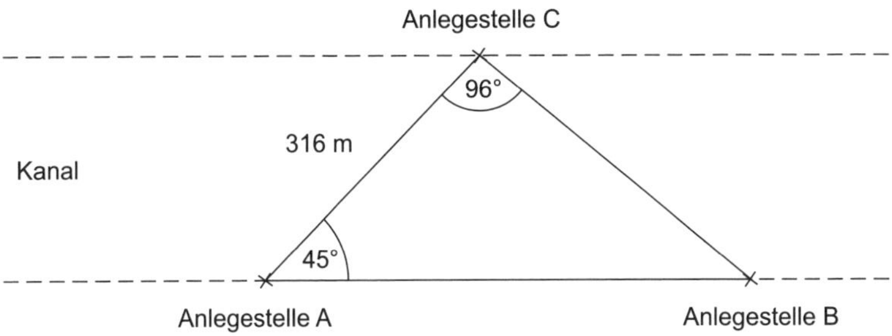

a) Die Fähre kann also den Kanal auf zwei unterschiedlich langen Wegen überqueren. 4 P.
Berechnen Sie, um wie viele Meter sich die beiden Fahrstrecken unterscheiden.

b) Berechnen Sie, wie viele Minuten die Fähre für den 316 m langen Weg von Anlegestelle C zu Anlegestelle A benötigt, wenn sie mit einer durchschnittlichen Geschwindigkeit von $5\,\frac{\text{km}}{\text{h}}$ fährt. 3 P.

Aufgabe 4

5 P.

Brandenburg

a) Die oben stehende Darstellung zeigt eine Karte des Landes Brandenburg. Dabei entsprechen 0,5 cm auf der Karte einer Entfernung von 10 km. 2 P.
Bestimmen Sie die Entfernung per Luftlinie in Kilometern zwischen den Orten Prenzlau im Norden und Ortrand im Süden Brandenburgs.

b) Mit seinem Pkw fährt Herr Müller 270 km von Prenzlau nach Ortrand. 3 P.
- Ermitteln Sie die Benzinkosten für diese Fahrt, wenn Folgendes bekannt ist:
  Verbrauch: 7,2 Liter auf 100 km;
  Benzinpreis: 1,40 € je Liter.
- Herr Müller startet um 6.00 Uhr seine Fahrt, macht zwischendurch eine Pause von 15 Minuten und kommt um 9.15 Uhr an.
  Bestimmen Sie seine Durchschnittsgeschwindigkeit für die Fahrtzeit ohne Pause.

Aufgabe 5 6 P.

Schultüte

Anjas kleiner Bruder Max kommt im August in die Schule. Zum ersten Schultag soll er eine Schultüte mit Geschenken bekommen.

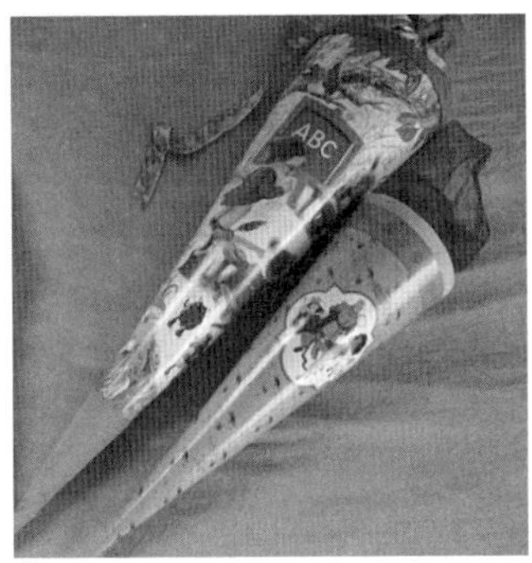

a) Anja kauft eine Schultüte. Die Tüte hat die Form eines Kegels. Sie hat eine Höhe von 70,0 cm, der Durchmesser der oberen Öffnung beträgt 17,0 cm. 2 P.
Skizzieren Sie die Schultüte und tragen Sie die gegebenen Maße ein.

b) Anja will die Schultüte mit einer bunten Folie bekleben. 4 P.
Berechnen Sie dazu, wie groß die Mantelfläche der Schultüte ist.

Aufgabe 6 8 P.

Bildungsausgaben
In einer Zeitung stand:
„In Deutschland wurden im Jahr 2008 ungefähr 92,6 Milliarden Euro für Bildung ausgegeben. Das sind 1 127 Euro je Einwohner und insgesamt 0,8 Prozent mehr als 2007."

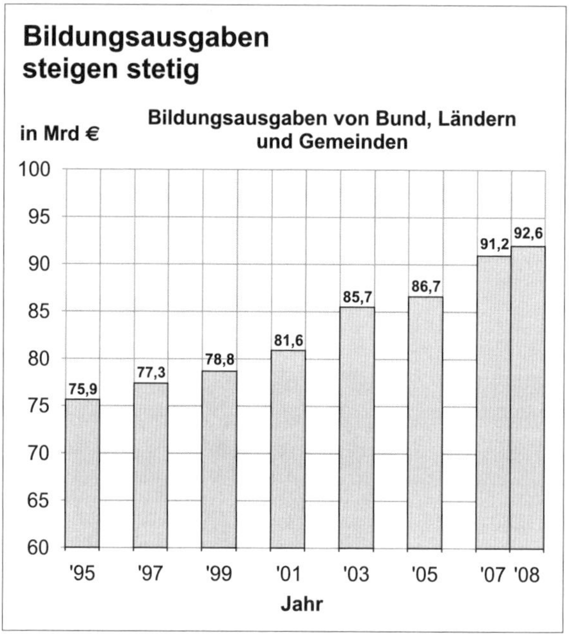

a) Lesen Sie aus dem Diagramm ab, wie hoch die Bildungsausgaben im Jahr 2007 waren. 1 P.

b) In dem Zeitungsartikel wird behauptet, dass die Ausgaben von 2007 nach 2008 um 0,8 Prozent gestiegen sind. 3 P.
Weisen Sie rechnerisch nach, dass diese Behauptung falsch ist.

c) Ermitteln Sie, von welcher Gesamteinwohnerzahl Deutschlands in dem Artikel ausgegangen wird. 2 P.

d) „Das ist ja toll, dass immer mehr Geld für die Bildung ausgegeben wird", freut sich Paul. „Naja", sagt Karl, „die Wirtschaftsleistung der Bundesrepublik Deutschland, also das Bruttosozialprodukt, stieg aber 2008 um 1,8 %." 2 P.
Was meint Karl damit? Nehmen Sie schriftlich Stellung.

Aufgabe 7 5 P.

Bevölkerungswachstum

Die Vereinten Nationen geben jährlich Zahlen zur Entwicklung der Weltbevölkerung heraus.

a) Im Jahr 2000 betrug die Weltbevölkerung 6,1 Milliarden Menschen. Eine vereinfachte Modellrechnung weist eine durchschnittliche Zunahme der Weltbevölkerung um 1,3 % pro Jahr aus. Ermitteln Sie, nach wie vielen Jahren bei dieser Modellrechnung die Bevölkerungszahl von 6,5 Milliarden Menschen überschritten wurde. 2 P.

b) Im Jahr 2000 lebten in Afrika 832 Millionen Menschen. Ein Jahr später waren es etwa 854,5 Millionen Menschen. Berechnen Sie den zugehörigen Wachstumsfaktor. 2 P.

c) Im Jahr 2000 lebten auf der Erde doppelt so viele Menschen wie im Jahr 1960. Geben Sie an, in welchem Jahr sich bei gleichem Wachstumsfaktor die Weltbevölkerung wiederum verdoppelt haben wird. 1 P.

Aufgabe 8 5 P.

Würfeln

Zwei faire[1] Würfel werden gleichzeitig geworfen. Die kleinere der beiden Augenzahlen wird in einer Strichliste notiert. Bei gleicher Augenzahl wird diese einmal notiert.

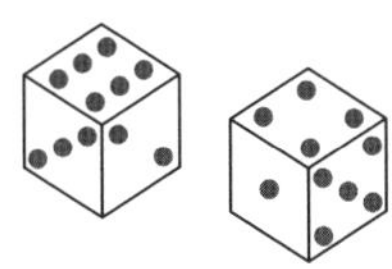

a) Bei 200 Versuchen wurde folgende Strichliste erstellt. 1 P.

Augenzahl	1	2	3	4	5	6
	𝍸 𝍸 𝍸 𝍸 𝍸 𝍸 𝍸 𝍸 𝍸 𝍸 𝍸 𝍸	𝍸 𝍸 𝍸 𝍸 𝍸 𝍸 𝍸 𝍸 𝍸 𝍸 𝍸 I	𝍸 𝍸 𝍸 𝍸 𝍸 𝍸 𝍸 𝍸	𝍸 𝍸 𝍸 𝍸 𝍸 III	𝍸 𝍸 IIII	II
absolute Häufigkeit	60	56	40	28	14	2
relative Häufigkeit						

Berechnen Sie die relativen Häufigkeiten und tragen Sie diese in die Tabelle ein.

[1] D. h., alle Zahlen werden mit gleicher Wahrscheinlichkeit gewürfelt.

b) Franz sagt: „Ich hatte lange keine Sechs. Ich bin sicher, dass beim nächsten Wurf eine Sechs dabei ist.“ Hat Franz recht? Begründen Sie. 1 P.

c) Im folgenden Diagramm sind die möglichen Ergebnisse für ein Spiel mit zwei Würfeln dargestellt. Das Ereignis E_1 ist markiert. 3 P.

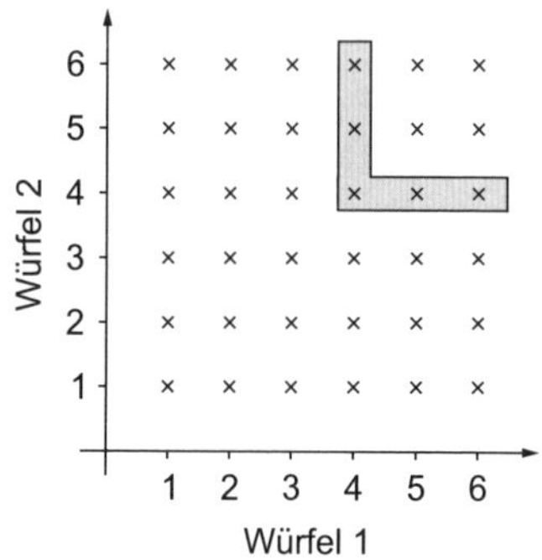

E_1: „Ein Würfel zeigt eine 4, der andere mindestens eine 4.“

- Geben Sie die Wahrscheinlichkeit für das Ereignis E_1 an.
- Bestimmen Sie die Wahrscheinlichkeit für das Eintreten des Ereignisses E_2: „Die kleinere der beiden geworfenen Augenzahlen ist kleiner als 4.“

Lösung

Aufgabe 1

a) Bedenke beim Einzeichnen, dass im Parallelogramm gegenüberliegende Seiten gleich lang und parallel sind. Deshalb hat der Punkt D die Koordinaten (–1 | 1).

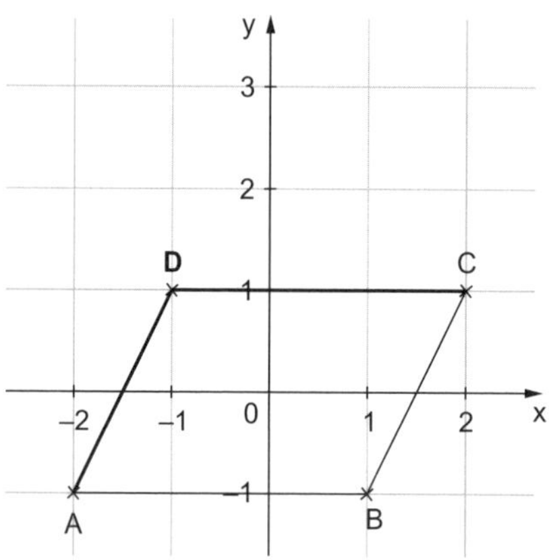

D(**–1** | **1**)

b) Die Zahlen $0{,}1 = \sqrt{0{,}01} = \frac{1}{10}$ sind gleich groß:

$0{,}001$; $0{,}1^2$; $\underline{0{,}1}$; $\underline{\sqrt{0{,}01}}$; $\underline{\frac{1}{10}}$

Begründung:

- $0{,}001 = \frac{1}{1\,000}$

  (Die Anzahl der Ziffern nach dem Komma gibt die Anzahl der Nullen des Nenners an, die Ziffern bilden den Zähler.)
- $0{,}1^2 = 0{,}1 \cdot 0{,}1 = 0{,}01 = \frac{1}{100}$
- $0{,}1 = \frac{1}{10}$
- $\sqrt{0{,}01} = \sqrt{0{,}1^2} = 0{,}1 = \frac{1}{10}$

  (Es gilt: $0{,}1 \cdot 0{,}1 = 0{,}01 = 0{,}1^2$)
- $\frac{1}{10}$

c) Die Summe der Preise wird durch die Anzahl der Preise geteilt.
$1{,}18 + 1{,}30 + 1{,}23 + 1{,}27 + 1{,}22 = 6{,}20$
$6{,}20 : 5 = 1{,}24$

Der durchschnittliche Preis beträgt **1,24 €**.

d) Für die Variable a wird der Wert 6, für die Variable b der Wert –4 und für die Variable c der Wert 3 eingesetzt und das Ergebnis bestimmt. Hierbei ist die Rechenregel „Punkt- vor Strichrechnung“ zu beachten.

Termberechnung:

$$\begin{aligned} a - b \cdot c &= 6 - (-4) \cdot 3 \\ &= 6 - (-12) \\ &= 6 + 12 \\ &= 18 \end{aligned}$$

oder

$$\begin{aligned} a - b \cdot c &= 6 - (-4) \cdot 3 \\ &= 6 + 4 \cdot 3 \\ &= 6 + 12 \\ &= 18 \end{aligned}$$

☐ 6 ☐ 30 ☐ –6 ☒ 18 ☐ –12

e) Der gegebene Term wird so umgeformt, dass a abgelesen werden kann.

$10^a = 0{,}01 = \frac{1}{100} = \frac{1}{10^2} = 10^{-2}$

$a = \mathbf{-2}$

f) Der Tangens eines Winkels wird im rechtwinkligen Dreieck durch das Seitenverhältnis von Gegenkathete zu Ankathete bestimmt. Vom Winkel α aus betrachtet, ist die Seite s die Gegenkathete und die Seite r die Ankathete.

$$\mathbf{\tan\alpha = \frac{s}{r}}$$

g) Es handelt sich um die zweite binomische Formel $(a-b)^2 = a^2 - 2ab + b^2$.

Berechnung: $(b-3a)^2 = b^2 - 6ab + 9a^2$

☐ $b^2 + 6a + 9a^2$

☒ $b^2 - 6ab + 9a^2$

☐ $b^2 - 6a + 9a^2$

☐ $b^2 - 9a^2 + 9a^2$

☐ $b^2 + 6a^2 + 9a$

h) Gegeben: $W = 55$ €
$p\,\% = 25\,\%$

Gesucht: G

Berechnung des Grundwertes:

$$\frac{G}{100} = \frac{W}{p}$$

$$\frac{G}{100} = \frac{55}{25} \qquad \bigg|\cdot 100$$

$$G = \frac{55\cdot 100}{25}$$

$$G = 220$$

oder

Lösung mit dem Dreisatz:

$25\,\% \mathrel{\hat{=}} 55$ € $\quad |:25$

$1\,\% \mathrel{\hat{=}} 2{,}2$ € $\quad |\cdot 100$

$100\,\% \mathrel{\hat{=}} 220$ €

oder

Berechnung als Anteil:

25 % entsprechen $\frac{1}{4}$ von 100 %.

$55 \cdot 4 = 220$

100 % entsprechen **220 €**.

Aufgabe 2

a) Vergleich der Funktionsgleichungen:
Dazu wird der Scheitelpunkt $S(m \mid n)$ abgelesen und in die Scheitelpunktform $y = a(x - m)^2 + n$ eingesetzt. Diese wird dann in die Normalform umgewandelt und mit der gegebenen Funktion $y = f(x) = x^2 + 4x + 3$ verglichen.

Einsetzen von $S(-2 \mid -1)$ und $a = 1$ (verschobene Normalparabel):

$y = 1 \cdot (x - (-2))^2 + (-1)$

$y = (x + 2)^2 - 1$ | Klammer auflösen (1. binomischen Formel)

$y = x^2 + 4x + 4 - 1$ | zusammenfassen

$y = x^2 + 4x + 3$

Die Funktionsgleichung der dargestellten Parabel stimmt mit der gegebenen Funktionsgleichung überein.

oder

Überprüfung mithilfe von 2 Punkten, die auf der Parabel liegen:
Eine quadratische Funktion ist durch den Scheitelpunkt und einen weiteren Punkt eindeutig festgelegt. Setze zur Überprüfung deshalb die Koordinaten des Scheitelpunktes und z. B. des Schnittpunktes A mit der y-Achse in die gegebene Funktionsgleichung ein.

$S(-2 \mid -1)$	$A(0 \mid 3)$
$y = x^2 + 4x + 3$	$y = x^2 + 4x + 3$
$-1 = (-2)^2 + 4 \cdot (-2) + 3$	$3 = 0^2 + 4 \cdot 0 + 3$
$-1 = 4 - 8 + 3$	$3 = 3$ (w)
$-1 = -1$ (w)	

Da beide Aussagen wahr sind, gehört die gegebene Funktionsgleichung zur dargestellten Parabel.

oder

Berechnung der Nullstellen mithilfe der p-q-Formel:

$x^2 + 4x + 3 = 0$ (Normalform; $p = 4$; $q = 3$)

$$x_{1/2} = -\frac{p}{2} \pm \sqrt{\left(\frac{p}{2}\right)^2 - q}$$

$$x_{1/2} = -\frac{4}{2} \pm \sqrt{\left(\frac{4}{2}\right)^2 - 3}$$

$$x_{1/2} = -2 \pm \sqrt{1}$$

$$x_{1/2} = -2 \pm 1$$

$x_1 = -2 + 1 = -1$ $x_2 = -2 - 1 = -3$

$N_1(-1\,|\,0)$ $N_2(-3\,|\,0)$

Da die berechneten Nullstellen mit denen der dargestellten Parabel übereinstimmen und die durch die gegebene Funktionsgleichung beschriebene Parabel genau wie die dargestellte Parabel nach oben geöffnet ist ($a = 1$), gehört die gegebene Funktionsgleichung zur dargestellten Parabel.

b) Der Punkt $P(x\,|\,24)$ wird in die gegebene Funktionsgleichung eingesetzt und x mithilfe der p-q-Formel bestimmt.

$y = x^2 + 4x + 3$ $|\ P(x\,|\,24)$

$24 = x^2 + 4x + 3$ $|\ -24$

$0 = x^2 + 4x - 21$ (Normalform; $p = 4$; $q = -21$)

$$x_{1/2} = -\frac{p}{2} \pm \sqrt{\left(\frac{p}{2}\right)^2 - q}$$

$$x_{1/2} = -\frac{4}{2} \pm \sqrt{\left(\frac{4}{2}\right)^2 - (-21)}$$

$$x_{1/2} = -2 \pm \sqrt{25}$$

$$x_{1/2} = -2 \pm 5$$

$x_1 = -2 + 5 = 3$ $x_2 = -2 - 5 = -7$

Eine mögliche x-Koordinate ist 3, die andere –7.

c) Rechnerische Lösung:
Um die Schnittpunkte zu ermitteln, werden die Funktionsgleichungen $g(x) = -2x - 2$ und $f(x) = x^2 + 4x + 3$ gleichgesetzt.

Berechnung der x-Werte mithilfe der p-q-Formel:

$$g(x) = f(x)$$

$$-2x - 2 = x^2 + 4x + 3 \qquad | +2x + 2 \text{ (Gleichung nullsetzen)}$$

$$0 = x^2 + 4x + 3 + 2x + 2$$

$$0 = x^2 + 6x + 5 \qquad \text{(Normalform; } p = 6;\ q = 5\text{)}$$

$$x_{1/2} = -\frac{p}{2} \pm \sqrt{\left(\frac{p}{2}\right)^2 - q}$$

$$x_{1/2} = -\frac{6}{2} \pm \sqrt{\left(\frac{6}{2}\right)^2 - 5}$$

$$x_{1/2} = -3 \pm \sqrt{4}$$

$$x_{1/2} = -3 \pm 2$$

$x_1 = -3 + 2 = -1$ $\qquad$ $x_2 = -3 - 2 = -5$

Berechnung der y-Werte:
Zur Berechnung der y-Werte werden die x-Werte in eine der beiden Gleichungen eingesetzt. Es bietet sich der Einfachheit halber die Geradengleichung an.

$g(x) = -2x - 2$ für $x = -1$	$g(x) = -2x - 2$ für $x = -5$
$g(-1) = -2(-1) - 2$	$g(-5) = -2(-5) - 2$
$g(-1) = 2 - 2$	$g(-5) = 10 - 2$
$g(-1) = 0$ $\quad$ A(–1 | 0)	$g(-5) = 8$ $\quad$ B(–5 | 8)

Die Koordinaten der Punkte lauten A(–1 | 0) und B(–5 | 8). Die Buchstaben A und B können vertauscht werden.

oder

Zeichnerische Lösung:
Zunächst wird die Gerade $g(x) = -2x - 2$ in das Koordinatensystem eingezeichnet. Dies kann man entweder mithilfe von 2 Punkten der Geraden oder mithilfe des Achsenabschnittes und der Steigung machen. Die Schnittpunkte von Parabel und Gerade können dann der Zeichnung entnommen werden.

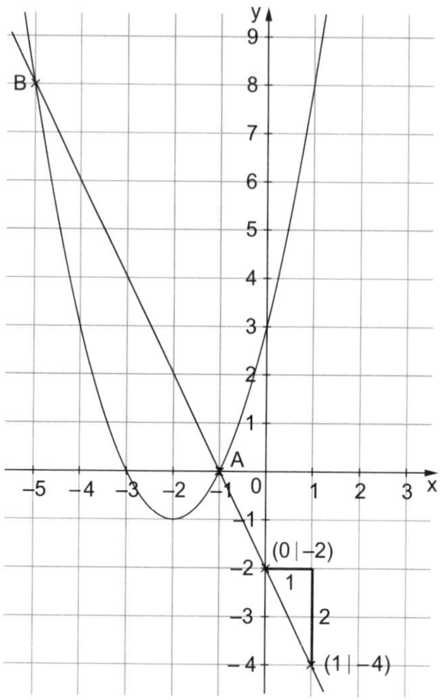

Zeichnen mithilfe von 2 Punkten: Berechne für $x = 0$ und $x = 1$ jeweils die zugehörige y-Koordinate und zeichne die Gerade dann durch die beiden Punkte:

$g(x) = -2x - 2$

$x = 0$: $g(0) = -2 \cdot 0 - 2 = -2$
$\Rightarrow\ (0\,|\,-2)$

$x = 1$: $g(1) = -2 \cdot 1 - 2 = -4$
$\Rightarrow\ (1\,|\,-4)$

oder

Zeichnen mithilfe des Steigungsdreiecks:
Der Schnittpunkt der Geraden $g(x) = -2x - 2$ mit der y-Achse liegt bei $(0\,|\,-2)$, die Steigung beträgt $m = -2$. Zeichne also das Steigungsdreieck für $m = -2 = -\frac{2}{1}$:
„gehe 1 LE nach rechts und 2 LE nach unten"

Die Schnittpunkte mit der Parabel liegen bei $A(-1\,|\,0)$ und $B(-5\,|\,8)$.

Aufgabe 3

a) Berechnung von Winkel β über die Winkelsumme des Dreiecks:

$\beta = 180 - (45° + 96°)$
$\beta = 39°$

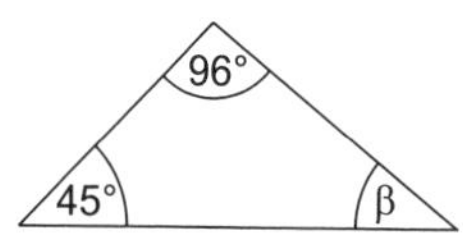

Berechnung der Länge der Strecke BC mithilfe des Sinussatzes:
Gegeben: $\alpha = 45°$; $\beta = 39°$; $b = 316$ m
Gesucht: a

$$\frac{a}{\sin\alpha} = \frac{b}{\sin\beta}$$

$$\frac{a}{\sin 45^\circ} = \frac{316}{\sin 39^\circ} \qquad |\cdot \sin 45^\circ$$

$$a = \frac{316 \cdot \sin 45^\circ}{\sin 39^\circ}$$

$$a \approx 355$$

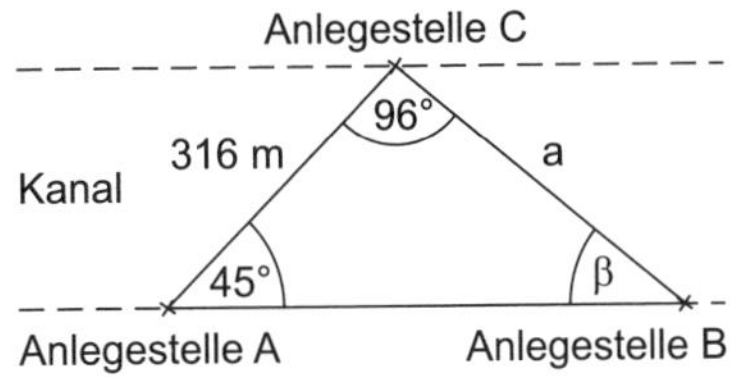

oder

Berechnung der Länge der Strecke BC mithilfe der Dreieckshöhe h:

Berechnung der Höhe h:

$$\sin 45^\circ = \frac{\text{Gegenkathete}}{\text{Hypotenuse}}$$

$$\sin 45^\circ = \frac{h}{316} \qquad |\cdot 316$$

$$316 \cdot \sin 45^\circ = h$$

$$h \approx 223{,}45$$

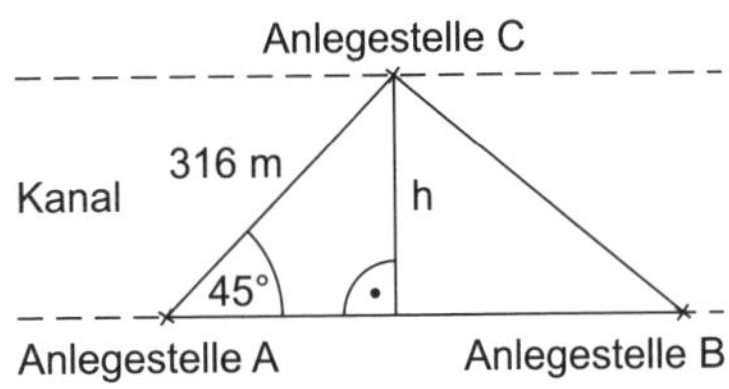

Berechnung der Länge der Strecke BC:

$$\sin 39^\circ = \frac{\text{Gegenkathete}}{\text{Hypotenuse}}$$

$$\sin 39^\circ = \frac{223{,}45}{a} \qquad |\cdot a$$

$$a \cdot \sin 39^\circ = 223{,}45 \qquad |: \sin 39^\circ$$

$$a = \frac{223{,}45}{\sin 39^\circ}$$

$$a \approx 355$$

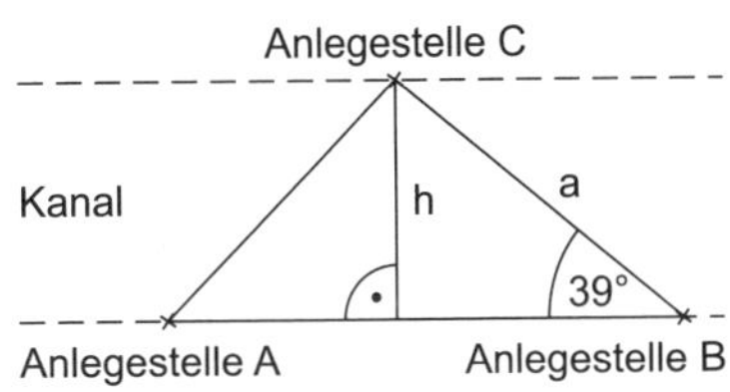

Unterschied der beiden Fahrstrecken:

$355 - 316 \approx 39$

Die Fahrstrecken unterscheiden sich um etwa 39 m.

b) $5\,\frac{km}{h}$ entsprechen $\frac{5\,000\text{ m}}{60\text{ min}}$.

$$\frac{5\,000}{60} = \frac{316}{x} \qquad |\cdot x \quad |\cdot 60$$

$$5\,000 \cdot x = 316 \cdot 60 \qquad |:5\,000$$

$$x = \frac{316 \cdot 60}{5\,000}$$

$$x = 3,792$$

Die Fahrzeit auf dieser Strecke beträgt ungefähr 4 Minuten.

Aufgabe 4

a) Mit dem Lineal gemessene Strecke Prenzlau – Ortrand:
12,1 cm (auch 12,2 cm oder 12,3 cm möglich)

Lösung mit dem Dreisatz:

0,5 cm auf der Karte entsprechen 10 km
1 cm auf der Karte entspricht 20 km
12,1 cm auf der Karte entsprechen $20 \cdot 12,1$ km = 242 km

oder

Lösung über proportionale Zuordnung:

$$\frac{0,5}{10} = \frac{12,1}{x} \qquad |\cdot x \quad |\cdot 10$$

$$0,5 \cdot x = 12,1 \cdot 10 \qquad |:0,5$$

$$x = \frac{12,1 \cdot 10}{0,5}$$

$$x = 242$$

Die Entfernung per Luftlinie zwischen den Orten Prenzlau und Ortrand beträgt 242 km.

b) • Berechnung des Benzinverbrauchs:
Lösung über proportionale Zuordnung:

$$\frac{7,2}{100} = \frac{x}{270} \qquad |\cdot 270$$

$$x = \frac{7,2 \cdot 270}{100}$$

$$x = 19,44$$

oder

Lösung über den Dreisatz:

$$100\text{ km} \mathrel{\hat{=}} 7{,}2\ \ell \qquad \vert :100$$

$$1\text{ km} \mathrel{\hat{=}} \frac{7{,}2\ \ell}{100} \qquad \vert \cdot 270$$

$$270\text{ km} \mathrel{\hat{=}} 19{,}44\ \ell$$

Für die Fahrt verbraucht Herr Müller 19,44 ℓ Benzin.

Berechnung der Benzinkosten:

Lösung über proportionale Zuordnung:

$$\frac{1}{1{,}40} = \frac{19{,}44}{x} \qquad \vert \cdot x \ \vert \cdot 1{,}40$$

$$x = 19{,}44 \cdot 1{,}40$$

$$x = 27{,}216$$

oder

Lösung über den Dreisatz:

$$1\ \ell \mathrel{\hat{=}} 1{,}40\ € \qquad \vert \cdot 19{,}44$$

$$19{,}44\ \ell \mathrel{\hat{=}} 27{,}216\ €$$

Die Benzinkosten für die Fahrt von Prenzlau nach Ortrand betragen 27,22 €.

- Berechnung der Durchschnittsgeschwindigkeit:
  Die Durchschnittsgeschwindigkeit wird in der Einheit $\frac{\text{km}}{\text{h}}$ angegeben. Das bedeutet, dass man ausrechnen muss, wie viele km im Durchschnitt in einer Stunde zurückgelegt werden.
  Herr Müller ist von 6:00 Uhr bis 9:15 Uhr unterwegs, das sind 3 Stunden und 15 Minuten. Da er eine Pause von 15 Minuten einlegt, fährt er genau 3 Stunden mit dem Auto. D. h., in 3 Stunden legt er 270 km zurück und somit in einer Stunde 270 km : 3 = 90 km.

  oder

  Lösung über proportionale Zuordnung:

$$\frac{3}{270} = \frac{1}{x} \qquad \vert \cdot x \ \vert \cdot 270$$

$$3 \cdot x = 270 \qquad \vert :3$$

$$x = \frac{270}{3}$$

$$x = 90$$

  Die Durchschnittsgeschwindigkeit beträgt 90 $\frac{\text{km}}{\text{h}}$.

Aufgabe 5

a) Skizze als Querschnitt: **oder** Skizze als Körper:

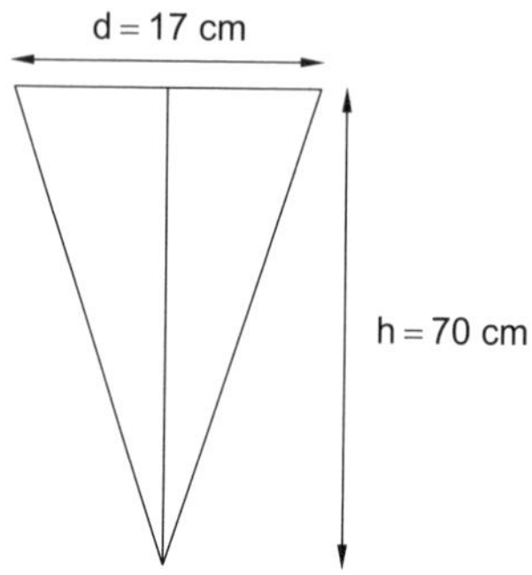

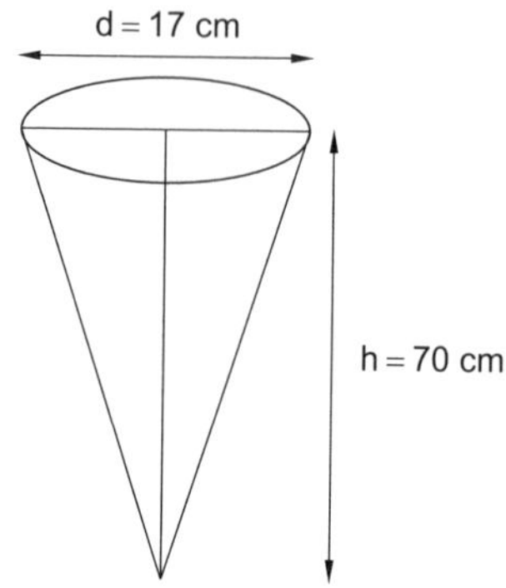

b) Gegeben: $d = 17 \text{ cm} \rightarrow r = 8{,}5 \text{ cm}$
$h = 70 \text{ cm}$
Gesucht: M

Berechnung der Mantellinie s:
Da nur $r = 8{,}5$ cm gegeben ist, muss s mithilfe des Satzes des Pythagoras berechnet werden:

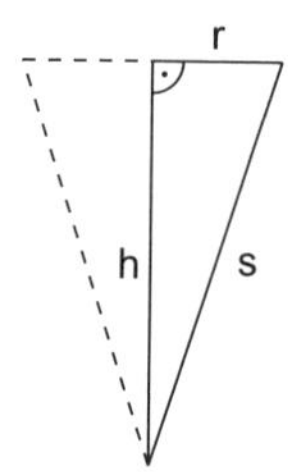

$s^2 = r^2 + h^2$

$s^2 = 8{,}5^2 + 70^2$

$s^2 = 72{,}25 + 4\,900$

$s^2 = 4\,972{,}25 \qquad |\sqrt{}$

$s \approx 70{,}51$

Berechnung der Mantelfläche:
$M = \pi \cdot r \cdot s$

$M = \pi \cdot 8{,}5 \cdot 70{,}51$

$M \approx 1\,882{,}87$

Die Mantelfläche der Schultüte beträgt etwa 1 882,87 cm^2.

Aufgabe 6

a) Die Bildungsausgaben im Jahr 2007 betrugen 91,2 Mrd. €.

b) Berechnung über den vermehrten Grundwert:
Gegeben: 2007: 91,2 Mrd. €
2008: 92,6 Mrd. €

Berechnung des Prozentsatzes:

$$\frac{91{,}2\text{ Mrd.}}{100} = \frac{92{,}6\text{ Mrd.}}{x} \qquad |\cdot x\ |\cdot 100$$

$$91{,}2\text{ Mrd.}\cdot x = 92{,}6\text{ Mrd.}\cdot 100 \qquad |:91{,}2\text{ Mrd.}$$

$$x = \frac{92{,}6\text{ Mrd.}\cdot 100}{91{,}2\text{ Mrd.}}$$

$$x \approx 101{,}54$$

Berechnung des prozentualen Anstiegs:
$101{,}54\ \% - 100\ \% = 1{,}54\ \%$

oder

Berechnung des absoluten Anstiegs:
$92{,}6\text{ Mrd.} - 91{,}2\text{ Mrd.} = 1{,}4\text{ Mrd.}$

Berechnung des prozentualen Anstiegs:

$$\frac{91{,}2\text{ Mrd.}}{100} = \frac{1{,}4\text{ Mrd.}}{x} \qquad |\cdot x\ |\cdot 100$$

$$91{,}2\text{ Mrd.}\cdot x = 1{,}4\text{ Mrd.}\cdot 100 \qquad |:91{,}2\text{ Mrd.}$$

$$x = \frac{1{,}4\text{ Mrd.}\cdot 100}{91{,}2\text{ Mrd.}}$$

$$x \approx 1{,}54$$

Die Ausgaben stiegen nicht um 0,8 %, sondern um 1,54 %. Die Behauptung ist falsch.

oder

Berechnung des Prozentwertes für einen Anstieg um 0,8 %:

Gegeben: 2007: 91,2 Mrd. € ⏋ +0,8 %
2008: ? ←

Berechnung des Anstiegs auf 100,8 %:

$$\frac{91{,}2\text{ Mrd.}}{100} = \frac{x}{100{,}8} \qquad |\cdot 100{,}8$$

$$x = \frac{91{,}2\text{ Mrd.}\cdot 100{,}8}{100}$$

$$x \approx 91{,}93\text{ Mrd.}$$

oder

Berechnung des Anstiegs um 0,8 %:

$$\frac{91{,}2\text{ Mrd.}}{100} = \frac{x}{0{,}8} \qquad |\cdot 0{,}8$$

$$x = \frac{91{,}2\text{ Mrd.}\cdot 0{,}8}{100}$$

$$x \approx 0{,}73\text{ Mrd.}$$

Berechnung des Prozentwertes:

$91{,}2\text{ Mrd.} + 0{,}73\text{ Mrd.} = 91{,}93\text{ Mrd.}$

Wenn die Bildungsausgaben um 0,8 % gestiegen wären, hätten sie im Jahr 2008 etwa 91,93 Mrd. € betragen und nicht 92,6 Mrd. €. Die Behauptung ist falsch.

c) 2008 wurden 92,6 Mrd. € für Bildung ausgegeben. Das sind 1 127 € pro Einwohner.

Lösung über proportionale Zuordnung:

$$\frac{92\,600\,000\,000}{x} = \frac{1127}{1} \qquad |\cdot x \quad |:1127$$

$$x = \frac{92\,600\,000\,000}{1127}$$

$$x \approx 82\,165\,039{,}93$$

oder

Lösung über eine Gleichung:

$$x \cdot 1127 = 92\,600\,000\,000 \qquad |:1127$$

$$x \approx 82\,165\,039{,}93$$

Man geht in dem Zeitungsartikel von einer Einwohnerzahl von ungefähr 82,2 Mio. aus.

d) Karl meint damit, dass die Ausgaben für Bildung verglichen mit dem Bruttosozialprodukt nicht entsprechend gestiegen sind. Sie hätten genauso wie das Bruttosozialprodukt um 1,8 % steigen müssen und nicht nur um 1,54 % (bzw. 0,8 % wie im Text angegeben). Die absoluten Zahlen sind zwar von 91,2 Mrd. auf 92,6 Mrd. gestiegen, aber gemessen am Anstieg der Wirtschaftsleistung Deutschlands ist der Anstieg zu niedrig.

Aufgabe 7

a) In jedem Jahr nimmt die Weltbevölkerung um 1,3 % zu. Es handelt sich also um ein exponentielles Wachstum, bei dem in jedem Jahr die Zahl der Weltbevölkerung von 100 % auf 101,3 % steigt. Im Jahr 2000 betrug die Weltbevölkerung 6,1 Mrd. Menschen.

Berechnung der Bevölkerungszahl für 2001:
Lösung über proportionale Zuordnung:

$$\frac{6{,}1\text{ Mrd.}}{100} = \frac{x}{101{,}3} \qquad |\cdot 101{,}3$$

$$x = \frac{6{,}1\text{ Mrd.}\cdot 101{,}3}{100}$$

$$x \approx 6{,}1793\text{ Mrd.}$$

oder

Lösung über exponentielles Wachstum:
Funktionsgleichung (Bevölkerungszahl im Jahr 2000 + **x**):

$$y = 6{,}1\text{ Mrd.}\cdot 1{,}013^{\mathbf{x}}$$

Bevölkerungszahl für 2001 = 2000 + **1**:

$$y = 6{,}1\text{ Mrd.}\cdot 1{,}013^{\mathbf{1}}$$
$$y \approx 6{,}1793\text{ Mrd.}$$

Berechnung der Bevölkerungszahl für 2002:
Lösung über proportionale Zuordnung:

$$\frac{6{,}1793\text{ Mrd.}}{100} = \frac{x}{101{,}3} \qquad |\cdot 101{,}3$$

$$x = \frac{6{,}1793\text{ Mrd.}\cdot 101{,}3}{100}$$

$$x \approx 6{,}2596\text{ Mrd.}$$

oder

Lösung über exponentielles Wachstum:
Bevölkerungszahl für 2002 = 2000 + **2**:

$$y = 6{,}1\text{ Mrd.}\cdot 1{,}013^{\mathbf{2}}$$
$$y \approx 6{,}2596\text{ Mrd.}$$

Analog werden die Bevölkerungszahlen der darauffolgenden Jahre berechnet, bis die Zahl 6,5 überschritten wird:

Jahr	2000	2001	2002	2003	2004	2005
Bevölkerung	6,1	6,1793	6,2596	6,3410	6,4234	6,5069

Nach 5 Jahren wurde die Bevölkerungszahl von 6,5 Mrd. Menschen überschritten.

b) Berechnung des Prozentsatzes, um den die Bevölkerungszahl gestiegen ist (Wachstumsrate):
Lösung über proportionale Zuordnung:

$$\frac{832\text{ Mio.}}{100} = \frac{854{,}5\text{ Mio.}}{x} \qquad |\cdot x \;|\cdot 100$$

$$832\text{ Mio.}\cdot x = 854{,}5\text{ Mio.}\cdot 100 \qquad |:832\text{ Mio.}$$

$$x = \frac{854{,}5\text{ Mio.}\cdot 100}{832\text{ Mio.}}$$

$$x \approx 102{,}70$$

Wachstumsrate: $102{,}7\ \% - 100\ \% = 2{,}7\ \%$

oder

Berechnung des Prozentsatzes:
Zunahme: $854{,}5\text{ Mio.} - 832\text{ Mio.} = 22{,}5\text{ Mio.}$

Prozentsatz:

$$\frac{832\text{ Mio.}}{100} = \frac{22{,}5\text{ Mio.}}{x} \qquad |\cdot x \;|\cdot 100$$

$$832\text{ Mio.}\cdot x = 22{,}5\text{ Mio.}\cdot 100 \qquad |:832\text{ Mio.}$$

$$x = \frac{22{,}5\text{ Mio.}\cdot 100}{832\text{ Mio.}}$$

$$x \approx 2{,}70$$

Die Wachstumsrate p % beträgt 2,7 %.

Wachstumsfaktor: $q = 1 + \frac{p}{100} = 1 + \frac{2{,}7}{100} = 1{,}027$

Der Wachstumsfaktor beträgt 1,027.

c) Von 1960 bis 2000 hat sich die Weltbevölkerung verdoppelt, d. h., der Wachstumsfaktor 2 (Verdoppelung) gilt für eine Zeitspanne von 40 Jahren. Also wird sich nach 40 Jahren die Bevölkerungszahl wieder verdoppelt haben, das ist im Jahre 2040.

Aufgabe 8

a) Die relative Häufigkeit gibt an, wie oft eine bestimmte Augenzahl im Verhältnis zur Gesamtzahl aller Würfe (200) vorkommt. Die relative Häufigkeit kann als Bruchzahl, als Dezimalzahl oder als Prozentsatz angegeben werden.

Berechnungen der relativen Häufigkeiten:

- Augenzahl 1:
  Absolute Häufigkeit: 60
  Relative Häufigkeit: $\frac{60}{200} = \frac{30}{100} = 0{,}3 = 30\ \%$
- Augenzahl: 2
  Absolute Häufigkeit: 56
  Relative Häufigkeit: $\frac{56}{200} = \frac{28}{100} = 0{,}28 = 28\ \%$
- Augenzahl 3:
  Absolute Häufigkeit: 40
  Relative Häufigkeit: $\frac{40}{200} = \frac{20}{100} = 0{,}2 = 20\ \%$
- Augenzahl 4:
  Absolute Häufigkeit: 28
  Relative Häufigkeit: $\frac{28}{200} = \frac{14}{100} = 0{,}14 = 14\ \%$
- Augenzahl 5:
  Absolute Häufigkeit: 14
  Relative Häufigkeit: $\frac{14}{200} = \frac{7}{100} = 0{,}07 = 7\ \%$
- Augenzahl 6:
  Absolute Häufigkeit: 2
  Relative Häufigkeit: $\frac{2}{200} = \frac{1}{100} = 0{,}01 = 1\ \%$

Augenzahl	1	2	3	4	5	6
	𝍸 𝍸 𝍸 𝍸 𝍸 𝍸 𝍸 𝍸 𝍸 𝍸 𝍸 𝍸	𝍸 𝍸 𝍸 𝍸 𝍸 𝍸 𝍸 𝍸 𝍸 𝍸 𝍸 |	𝍸 𝍸 𝍸 𝍸 𝍸 𝍸 𝍸 𝍸	𝍸 𝍸 𝍸 𝍸 𝍸 |||	𝍸 𝍸 ||||	||
absolute Häufigkeit	60	56	40	28	14	2
relative Häufigkeit	**30 %**	**28 %**	**20 %**	**14 %**	**7 %**	**1 %**

b) Franz hat nicht recht. Die Wahrscheinlichkeit, dass er eine 6 würfelt, bleibt bei jedem Wurf gleich. Es ist egal, ob er lange keine Sechs hatte, die Wahrscheinlichkeit ändert sich dadurch nicht.

c) Das Diagramm veranschaulicht alle Ergebnisse, die es beim Würfeln mit zwei Würfeln gibt:

$\Omega = \{(1|1); (1|2); (1|3); \ldots (6|4); (6|5); (6|6)\}$

Anzahl aller möglichen Ergebnisse: 36

- Das Ereignis E_1 ist markiert: $E_1 = \{(4|4); (4|5); (4|6); (5|4); (6|4)\}$

  Anzahl der für E_1 günstigen Ergebnisse: 5

  $$P(E_1) = \frac{\text{Anzahl der für das Ereignis } E_1 \text{ günstigen Ergebnisse}}{\text{Anzahl aller möglichen Ergebnisse}}$$

  $$P(E_1) = \frac{5}{36} = 0{,}13\overline{8} \approx 13{,}9\ \%$$

- E_2: „Die kleinere der beiden geworfenen Augenzahlen ist kleiner als 4.“

  Günstige Ergebnisse:

  $$\begin{aligned} E_2 = \{&(1|2); (1|3); (1|4); (1|5); (1|6);\\ &(2|1); (2|3); (2|4); (2|5); (2|6);\\ &(3|1); (3|2); (3|4); (3|5); (3|6);\\ &(4|1); (4|2); (4|3);\\ &(5|1); (5|2); (5|3);\\ &(6|1); (6|2); (6|3)\} \end{aligned}$$

  Achtung: Auch wenn es in der Aufgabenstellung nicht explizit angegeben ist, soll bei dieser Aufgabe davon ausgegangen werden, dass die beiden gewürfelten Zahlen verschieden sind. Weil deshalb eine Augenzahl kleiner als die andere sein muss, ist ein Pasch [(1|1); (2|2); (3|3); (4|4); (5|5); (6|6)] hier kein günstiges Ergebnis.

  Anzahl der günstigen Ergebnisse: 24
  Anzahl der möglichen Ergebnisse: 36

  $$P(E_2) = \frac{24}{36} = \frac{2}{3} \approx 66{,}67\ \%$$

Mittlerer Schulabschluss Berlin/Brandenburg
Mathematik 2012

Punkte

Aufgabe 1 — 8 P.

Basisaufgaben

a) Herr Glückspilz gewinnt im Lotto. Er spendet davon 15 000 € an wohltätige Organisationen. Das sind 25 % seines Gewinnes. — 1 P.
Geben Sie die Gewinnsumme an.

Gewinnsume G = ____________

b) In einem Dreieck beträgt die Größe eines Winkels 30°. — 1 P.
Geben Sie eine Möglichkeit für die Größen der beiden anderen Winkel an.

____

c) Geben Sie die Koordinaten des Scheitelpunktes der Parabel mit der Gleichung $y = x^2 - 3$ an. — 1 P.

S(___ | ___)

d) Eine Urne enthält 10 Kugeln, grüne und weiße. — 1 P.
Geben Sie an, wie viele weiße Kugeln in der Urne sind, wenn die Wahrscheinlichkeit für das Ziehen einer weißen Kugel 60 % beträgt.

Anzahl der weißen Kugeln: ____________

e) Entscheiden Sie, welche Lösungsmenge zur Gleichung $0 = x \cdot (x - 4)$ gehört. — 1 P.
Kreuzen Sie an.

☐ $L = \{0; -4\}$ ☐ $L = \{0; 4\}$ ☐ $L = \{\ \}$

f) Kreuzen Sie die richtige Umformung für den Term $2x^2y + 4xy$ an. — 1 P.

☐ $2y(x^2 + x)$ ☐ $2y(2x^2 + 2x)$ ☐ $2y(x^2 + 2x)$

g) Entscheiden Sie, wie viele gemeinsame Punkte die Geraden g und h haben. — 1 P.
g: $y = 2x + 1$
h: $y = 2x + 5$

Kreuzen Sie an.

☐ genau einen ☐ unendlich viele ☐ keinen

h) In einer Kasse liegen je ein Eurostück aus Deutschland, Spanien, Italien, Frankreich und Österreich. 1 P.
Geben Sie die Wahrscheinlichkeit P dafür an, dass die erste entnommene Münze aus Deutschland oder Frankreich stammt.

P = ______________

Aufgabe 2 7 P.

Funktionen

In einem Koordinatensystem sind eine verschobene Normalparabel f und eine Gerade g mit der Gleichung $g(x) = 2x - 2$ dargestellt.

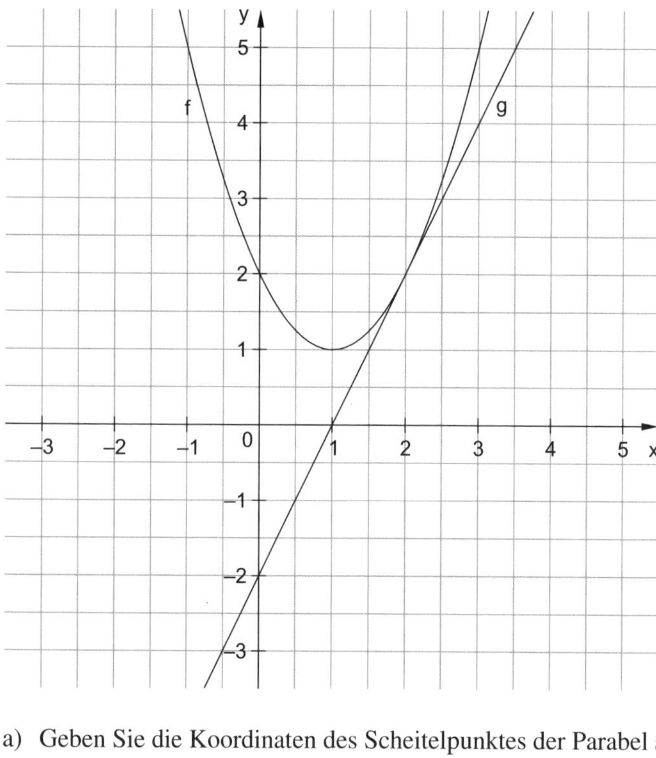

a) Geben Sie die Koordinaten des Scheitelpunktes der Parabel an. 1 P.

b) Bestimmen Sie eine Funktionsgleichung der Parabel. 2 P.

c) Verschieben Sie die Gerade g parallel, sodass sie durch den Punkt P(–2 | 0) verläuft. 2 P.
Zeichnen Sie die parallele Gerade in das oben gegebene Koordinatensystem ein.

d) Bestimmen Sie eine Gleichung der verschobenen Geraden. 2 P.

Aufgabe 3 7 P.

Grundstück
Herr Müller und Herr Schmidt bekommen gemeinsam ein Eckgrundstück geschenkt. Jeder erhält einen dreieckigen Teil des Grundstückes mit einer Straßenfront.
Die gemeinsame Grundstücksgrenze verläuft von der Grundstücksecke A zur gegenüberliegenden Ecke C des viereckigen Grundstücks.

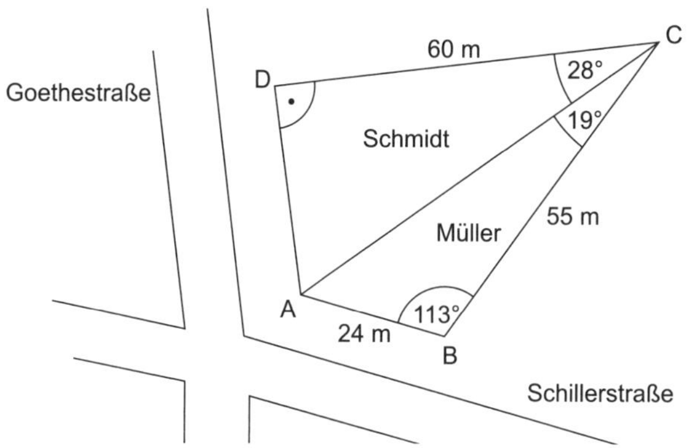

(Skizze nicht maßstabsgerecht)

a) Bestimmen Sie die Länge der Straßenfront $\overline{AD}$ in der Goethestraße und runden Sie auf volle Meter. 2 P.

b) Ermitteln Sie die Länge der gemeinsamen Grundstücksgrenze $\overline{AC}$ und runden Sie auf volle Meter. 2 P.

c) Das gesamte Grundstück hat eine Größe von 1 568 m^2. 3 P.
Herr Müller verkauft seinen Teil des Grundstücks. Er erhält 30 € für 1 m^2.
Berechnen Sie den Verkaufspreis.

Aufgabe 4 8 P.

Schulhof

Der Schulhof der Schiller-Schule wird neu gestaltet. Es wird eine Rasenfläche (dunkel gefärbt) angelegt.

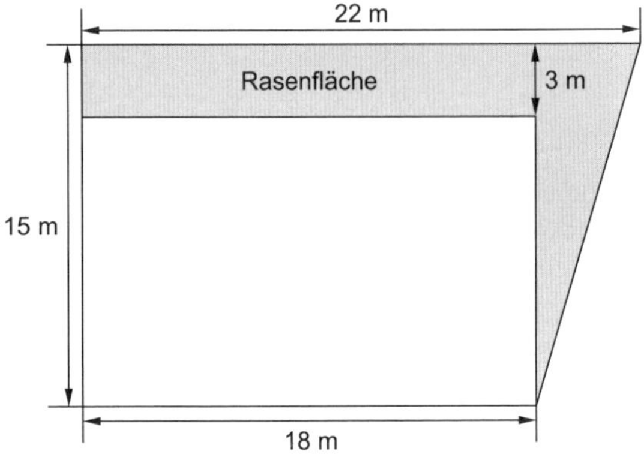

(Skizze nicht maßstabsgerecht)

a) Berechnen Sie, ob zwei Packungen dieses Rasensamens für die geplante Rasenfläche ausreichen. 3 P.

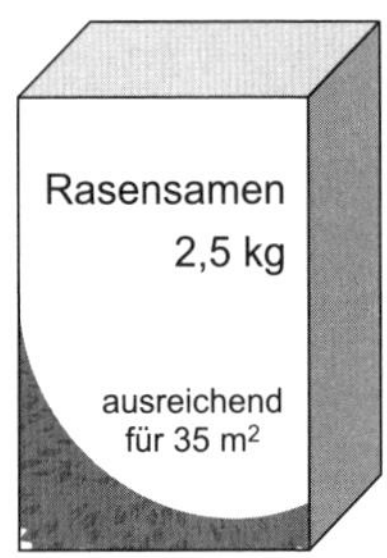

Auf dem Schulhof werden vier zylinderförmige Blumenkübel aufgestellt. Jeder Kübel ist 60 cm hoch und hat einen Innendurchmesser von 55 cm.

b) Skizzieren Sie einen dieser Blumenkübel. Tragen Sie die Maße in die Skizze ein. 2 P.

c) Berechnen Sie, wie viele Säcke Blumenerde zum Befüllen der vier Kübel im Baumarkt gekauft werden müssen. 3 P.

Aufgabe 5 7 P.

Funktionsgraphen

Drei Geraden treffen sich im Punkt P(3 | 1). Sie führen eine kleine Unterhaltung:

„Meine Steigung ist 2“, erklärt Gerade f.

„Zu mir gehört auch der Punkt Q(2 | 0)“, sagt Gerade g.

„Meine Gleichung, die ich leider vergessen habe, hat die Form $y = m \cdot x$“, fügt Gerade h traurig hinzu.

a) Zeichnen Sie die drei Geraden in das Koordinatensystem. 3 P.

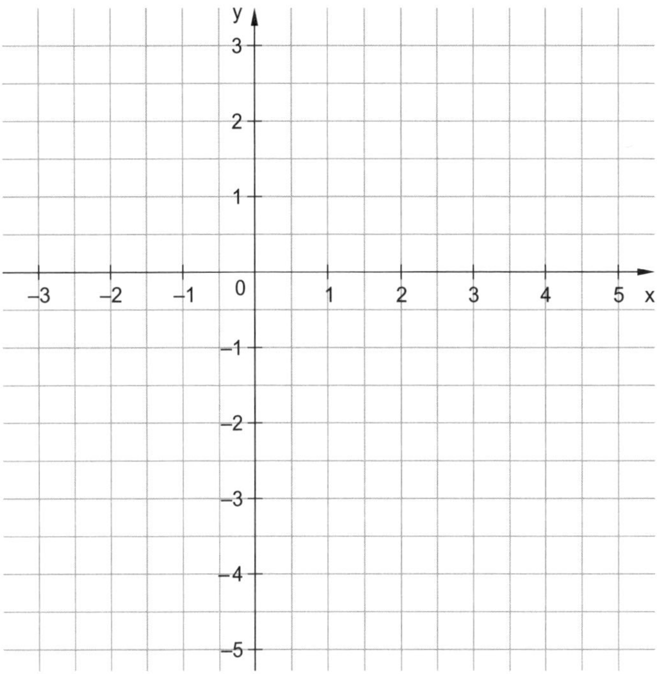

b) Geben Sie die Gleichungen der drei Geraden an. 3 P.

Gerade f: ______________________

Gerade g: ______________________

Gerade h: ______________________

c) „Ich habe übrigens eine Schwester. Sie verläuft parallel zu mir“, meldet sich nochmal Gerade f zu Wort. 1 P.

Notieren Sie eine mögliche Gleichung dieser Geraden.

____

Aufgabe 6 6 P.

Kerzenproduktion

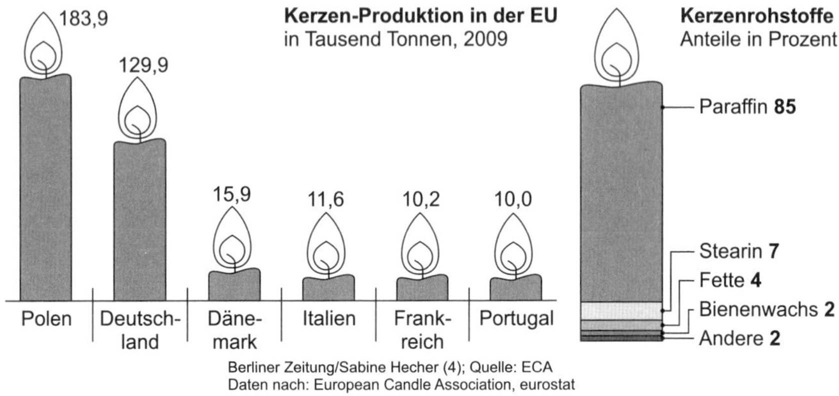

a) • Geben Sie an, wie viel Tonnen Kerzen in Frankreich im Jahr 2009 produziert wurden. 3 P.
• Berechnen Sie, wie viel Tonnen Bienenwachs in Frankreich dafür benötigt wurden.

b) Anneliese soll den Anteil des Kerzenrohstoffs Paraffin in einem Kreisdiagramm darstellen. 2 P.
Berechnen Sie, wie groß der Winkel für den Anteil von Paraffin ist.

c) Max behauptet, die Grafik „Kerzenproduktion in der EU" ist mathematisch nicht ganz korrekt dargestellt. 1 P.
Finden Sie ein Argument, das seine Behauptung stützt.

Aufgabe 7 8 P.

Kuhmilch

Die Milch einer gesunden Kuh enthält direkt nach dem Melken durchschnittlich 500 Keime pro $m\ell$. Wird die Milch nach dem Melken nicht gekühlt, vermehren sich diese sehr schnell. Ihre Anzahl verdoppelt sich stündlich.

a) Geben Sie an, wie viele Keime in einem **Liter** frisch gemolkener Kuhmilch sind. 1 P.

b) Bestimmen Sie die Anzahl der Keime, die sich nach fünf Stunden in einem **Liter** ungekühlter Milch befinden. 1 P.
Kreuzen Sie an.

☐ 1,6 ☐ $1{,}6 \cdot 10^6$ ☐ $1{,}6 \cdot 10^7$ ☐ $1{,}6 \cdot 10^4$

c) • Entscheiden Sie, welche Art Wachstum bei der Vermehrung der Keime vorliegt. 2 P.
Kreuzen Sie die richtige Lösung an.

☐ lineares Wachstum ☐ exponentielles Wachstum

• Begründen Sie Ihre Entscheidung.

____

____

d) Durch sofortige Kühlung der Milch ändert sich der Wachstumsprozess. In der gekühlten Milch wächst die Anzahl der Keime stündlich nur noch um 50 Keime pro *ml*. 4 P.

- Stellen Sie dieses Wachstum für den Zeitraum von 0 bis 5 Stunden in einem geeigneten Diagramm dar.
- Geben Sie für dieses Wachstum eine Funktionsgleichung an.

Aufgabe 8 5 P.

Lose ziehen

In einem Los-Topf befinden sich 250 Lose, darunter 5 Hauptgewinne und 50 kleinere Gewinne. Alle anderen Lose sind Nieten.

a) Geben Sie an, wie groß die Wahrscheinlichkeit für das Ziehen einer Niete ist. 1 P.

b) Selina zieht als Erste nacheinander zwei Lose (ohne Zurücklegen). 2 P.

E_1: „Sie zieht zwei Hauptgewinne."

E_2: „Sie zieht zwei kleine Gewinne."

- Vergleichen Sie die Wahrscheinlichkeiten für die Ereignisse E_1 und E_2.
- Notieren Sie Ihre Überlegung.

c) Nachdem bereits 20 Lose, leider alles Nieten, aus dem Topf verkauft wurden, zieht Tim nacheinander zwei Lose. . 2 P.
Tim und Selina berechnen die Wahrscheinlichkeit für das Ereignis:

E_3: „Tim zieht einen Hauptgewinn und eine Niete.“

Beide haben falsch gerechnet.

Tim rechnet:	$P(E_3) = \frac{5}{230} \cdot \frac{175}{229}$
Selina rechnet:	$P(E_3) = \frac{5}{250} \cdot \frac{175}{249} + \frac{175}{250} \cdot \frac{5}{249}$

Erklären Sie, was Tim und Selina falsch gemacht haben.

Lösung

Aufgabe 1

a) Gegeben: $W = 15\,000$ €
$p\,\% = 25\,\%$

Gesucht: G

Berechnung des Grundwertes:

$$\frac{G}{100} = \frac{W}{p}$$

$$\frac{G}{100} = \frac{15\,000}{25} \quad \Big| \cdot 100$$

$$G = \frac{15\,000 \cdot 100}{25}$$

$$G = 60\,000$$

oder

Lösung mit dem Dreisatz:

$$25\,\% \mathrel{\hat{=}} 15\,000 \text{ €} \quad \Big| : 25$$

$$1\,\% \mathrel{\hat{=}} 600 \text{ €} \quad \Big| \cdot 100$$

$$100\,\% \mathrel{\hat{=}} 60\,000 \text{ €}$$

oder

Berechnung als Anteil:
25 % entsprechen $\frac{1}{4}$ von 100 %. Der Gewinn ist daher 4-mal höher als die Spende:
$15\,000 \cdot 4 = 60\,000$

Gewinnsumme G = **60 000 €**

b) Die Summe der Innenwinkel eines Dreiecks beträgt 180°. Wenn einer der Winkel 30° misst, müssen die beiden anderen zusammen $180° - 30° = 150°$ groß sein.

Möglichkeit: **50°** und **100°** **oder** **60°** und **90°**
oder **70°** und **80°** **oder** **75°** und **75°** …

c) Beim Graphen der Funktion mit der Gleichung $y = x^2 - 3$ handelt es sich um eine Normalparabel, die auf der y-Achse um 3 Einheiten nach unten verschoben ist. Die Koordinaten des Scheitelpunktes lauten somit:

S(**0**|**–3**)

d) Die Wahrscheinlichkeit, eine weiße Kugel zu ziehen, beträgt 60 %.
60 % von 10 Kugeln = 6 Kugeln

Anzahl der weißen Kugeln: **6**

e) Der Term $x \cdot (x - 4)$ ist gleich 0, wenn einer der beiden Faktoren 0 ist (Produktregel).

1. Faktor: $x = 0$ 2. Faktor: $x - 4 = 0 \quad |+4$
$x = 4$

Die Lösungsmenge lautet also $L = \{0; 4\}$.

oder

Die richtige Lösung erhält man auch, indem man die angegebenen Lösungen in die Gleichung einsetzt.

0 eingesetzt: $0 \stackrel{?}{=} 0 \cdot (0 - 4)$
$0 = 0$

–4 eingesetzt: $0 \stackrel{?}{=} -4 \cdot (-4 - 4)$
$0 \stackrel{?}{=} -4 \cdot (-8)$
$0 \neq 32$

4 eingesetzt: $0 \stackrel{?}{=} 4 \cdot (4-4)$

$0 \stackrel{?}{=} 4 \cdot 0$

$0 = 0$

Die zweite angegebene Lösungsmenge $L = \{0; 4\}$ ist also richtig:

☐ $L = \{0; -4\}$ ☒ $L = \{0; 4\}$ ☐ $L = \{\ \}$

f) Durch Ausklammern des größten gemeinsamen Faktors 2y von $2x^2y$ und 4xy erhält man: $2x^2y + 4xy = 2y(x^2 + 2x)$

oder

Durch Ausmultiplizieren der angegebenen Lösungsterme erhält man:

$2y(x^2 + x) = 2x^2y + 2xy$

$2y(2x^2 + 2x) = 4x^2y + 4xy$

$2y(x^2 + 2x) = 2x^2y + 4xy$ richtige Umformung

☐ $2y(x^2 + x)$ ☐ $2y(2x^2 + 2x)$ ☒ $2y(x^2 + 2x)$

g) Da die Geraden g und h die gleiche Steigung $m = 2$ aber unterschiedliche y-Achsenabschnitte 1 bzw. 5 haben, schneiden sie die y-Achse an unterschiedlichen Stellen und verlaufen somit parallel zueinander. Die Geraden haben daher keinen gemeinsamen Punkt.

oder

Überprüfung auf Schnittpunkte mithilfe des Gleichsetzungsverfahrens:

$2x + 1 = 2x + 5 \quad | -2x$

$1 = 5 \quad (f)$

Die Geraden schneiden sich nicht.

☐ genau einen ☐ unendlich viele ☒ keinen

h) Ereignis E: „Münze aus Deutschland oder Frankreich“

Anzahl aller Münzen: 5

Anzahl der Münzen aus Deutschland oder Frankreich: 2

Wahrscheinlichkeit für das Ereignis E:

$$P(E) = \frac{\text{Anzahl der Münzen aus Deutschland oder Frankreich}}{\text{Anzahl aller Münzen}} = \frac{2}{5}$$

Es gilt also: $P = \mathbf{\frac{2}{5}}$ **oder** $P = \mathbf{0{,}4}$ **oder** $P = \mathbf{40\ \%}$

Aufgabe 2

a) Der Scheitelpunkt wird aus dem Koordinatensystem abgelesen:
$S(1\,|\,1)$

b) Um die Funktionsgleichung zu bestimmen, wird der Scheitelpunkt $S(1\,|\,1) = S(m\,|\,n)$ in die Scheitelpunktformel $y = a(x-m)^2 + n$ eingesetzt. Da es sich um eine Normalparabel handelt, ist der Streckfaktor $a = 1$. Man erhält:

$y = (x-1)^2 + 1$

Diese Gleichung kann noch umgeformt werden. Dadurch erhält man eine weitere mögliche Funktionsgleichung:

$y = x^2 - 2x + 1 + 1$

$y = x^2 - 2x + 2$

oder

Um die Funktionsgleichung zu bestimmen, wird der Scheitelpunkt $S(1\,|\,1) = S(-d\,|\,e)$ in die Scheitelpunktformel der verschobenen Normalparabel $y = (x+d)^2 + e$ eingesetzt. Für $S(1\,|\,1)$ gilt:

$y = [x + (-1)]^2 + 1$

$y = (x-1)^2 + 1$

oder

Um die Funktionsgleichung zu bestimmen, setzt man zwei Punkte, die auf der Parabel liegen, in die Normalform $y = x^2 + px + q$ ein. Hier kann man z. B. die Punkte $S(1\,|\,1)$ und $P(0\,|\,2)$ verwenden und man erhält so ein lineares Gleichungssystem:

I	$1 = 1^2 + p \cdot 1 + q$	$S(1\,|\,1)$ eingesetzt
II	$2 = 0^2 + p \cdot 0 + q$	$P(0\,|\,2)$ eingesetzt

I $\quad 1 = 1 + p + q$

II $\quad 2 = q$

Einsetzungsverfahren:
II in I:

$1 = 1 + p + 2$

$1 = 3 + p \qquad |-3$

$p = -2$

Damit ergibt sich die Gleichung: $y = x^2 - 2x + 2$

c) Der Punkt P(–2 | 0) wird markiert und die Gerade mithilfe des Geodreiecks parallel so verschoben, dass sie durch den Punkt P verläuft. Die so entstandene Gerade g_1 hat dieselbe Steigung wie die Gerade g.

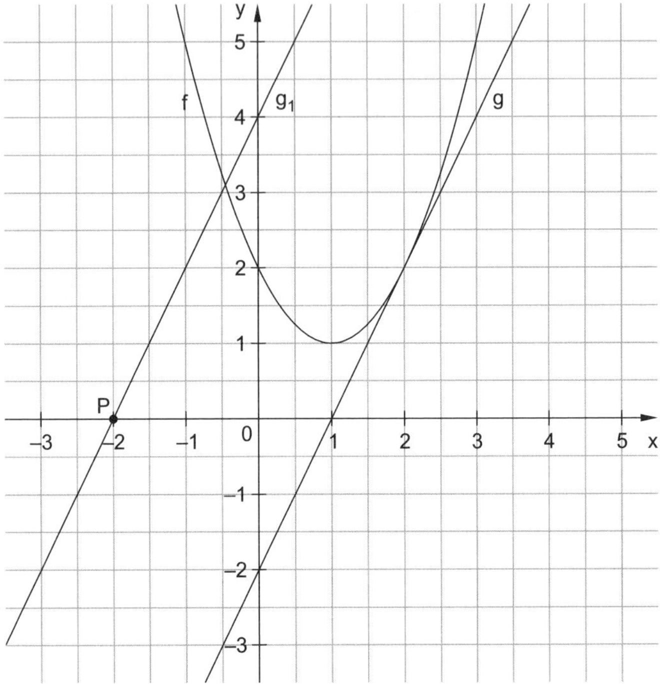

d) Da die Gerade g parallel verschoben wurde, hat die Gerade g_1 die gleiche Steigung $m = 2$ wie die Gerade g. Der Zeichnung kann man entnehmen, dass der y-Achsenabschnitt nun bei +4 liegt. Damit ergibt sich die Geradengleichung:

$y = 2x + 4$

oder

Rechnerische Ermittlung der Geradengleichung mithilfe der Steigung $m = 2$ und des Punktes P(–2 | 0) der Geraden:

$y = m \cdot x + n$

$0 = 2 \cdot (-2) + n$

$0 = -4 + n \qquad | +4$

$n = 4$

Damit ergibt sich die Geradengleichung: $y = 2x + 4$

Aufgabe 3

a) Berechnung mithilfe des Tangens:
Bei dem Grundstück ACD handelt es sich um ein rechtwinkliges Dreieck. Vom gegebenen Winkel 28° aus betrachtet ist die Länge der Ankathete $\overline{CD}$ gegeben und die Länge der Gegenkathete $\overline{AD}$ gesucht.

$$\tan 28° = \frac{\text{Gegenkathete}}{\text{Ankathete}}$$

$$\tan 28° = \frac{\overline{AD}}{60} \qquad |\cdot 60$$

$$60 \cdot \tan 28° = \overline{AD}$$

$$\overline{AD} \approx 32$$

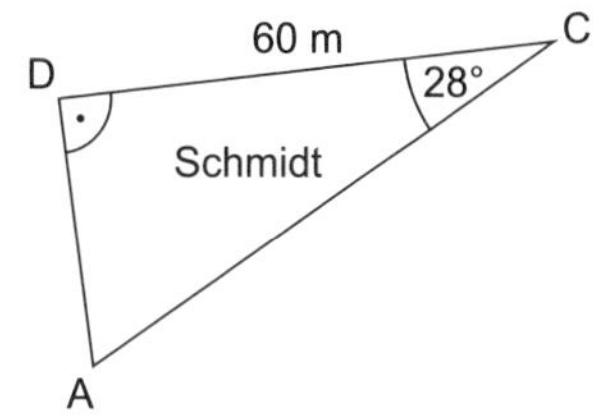

oder

Bestimmung mithilfe einer maßstäblichen Konstruktion im Maßstab 1 : 1 000:

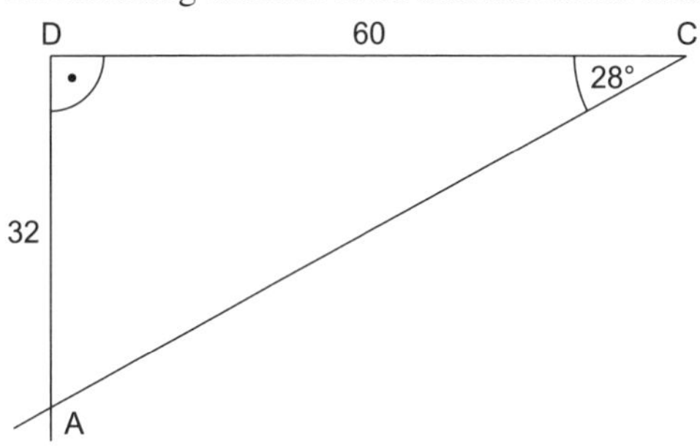

Die Länge der Strecke $\overline{AD}$ ist der Zeichnung zu entnehmen: $\overline{AD} \approx 3{,}2$ cm
Die Länge der Straßenfront $\overline{AD}$ in der Goethestraße beträgt ungefähr 32 m.

b) Berechnung der Länge der Strecke $\overline{AC}$ im rechtwinkligen Dreieck ACD:
Mithilfe des Kosinus:

$$\cos 28° = \frac{\text{Ankathete}}{\text{Hypotenuse}}$$

$$\cos 28° = \frac{60}{\overline{AC}} \qquad |\cdot \overline{AC}$$

$$\overline{AC} \cdot \cos 28° = 60 \qquad |: \cos 28°$$

$$\overline{AC} = \frac{60}{\cos 28°}$$

$$\overline{AC} = 67{,}95\ldots$$

$$\overline{AC} \approx 68$$

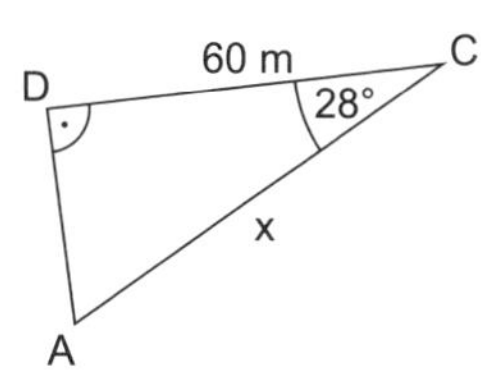

oder

Mithilfe des Satzes von Pythagoras:

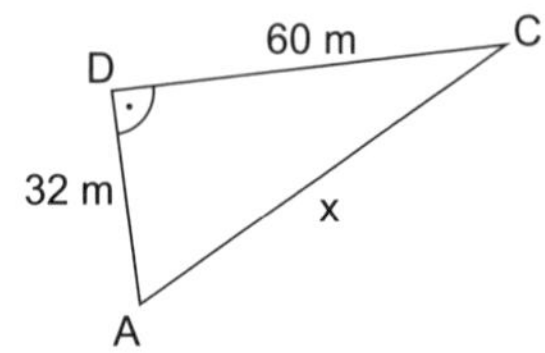

$$\overline{AC}^2 = \overline{DA}^2 + \overline{CD}^2$$

$$x^2 = 60^2 + 32^2$$

$$x^2 = 3\,600 + 1\,024$$

$$x^2 = 4\,624 \qquad |\sqrt{}$$

$$x = 68$$

oder

Bestimmung im allgemeinen Dreieck ABC:
Mithilfe des Sinussatzes:

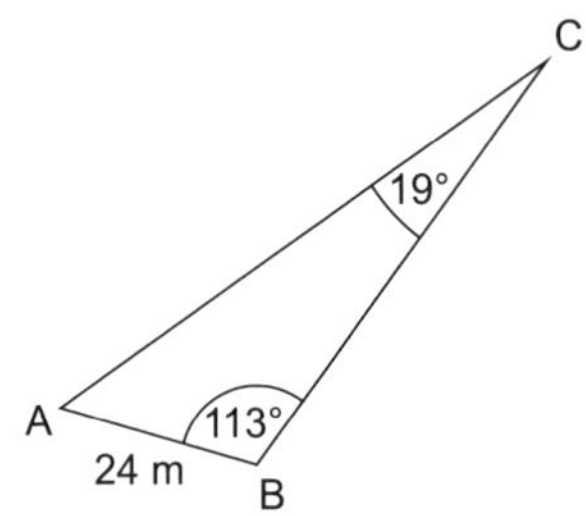

$$\frac{\overline{AB}}{\sin 19°} = \frac{\overline{AC}}{\sin 113°}$$

$$\frac{24}{\sin 19°} = \frac{\overline{AC}}{\sin 113°} \qquad |\cdot \sin 113°$$

$$\frac{24 \cdot \sin 113°}{\sin 19°} = \overline{AC}$$

$$\overline{AC} = 67{,}85\ldots$$

$$\overline{AC} \approx 68$$

oder

Bestimmung mithilfe einer maßstäblichen Konstruktion im Maßstab 1 : 1 000:

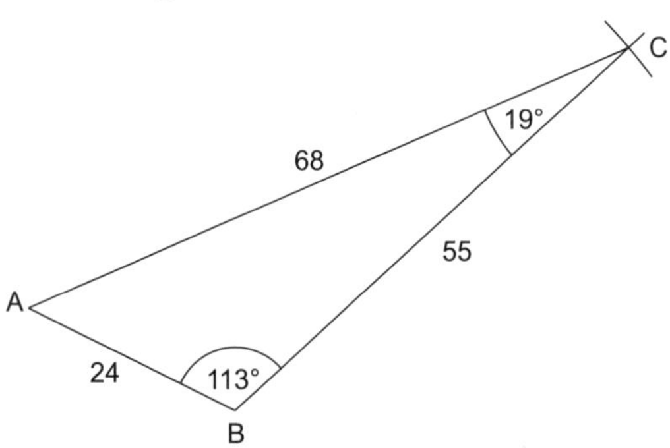

Die gemeinsame Grundstücksgrenze beträgt ungefähr 68 m.

c) Berechnung der Größe des Grundstücks von Herrn Schmidt:
Da es sich um ein rechtwinkliges Dreieck handelt, gilt die Flächenformel:

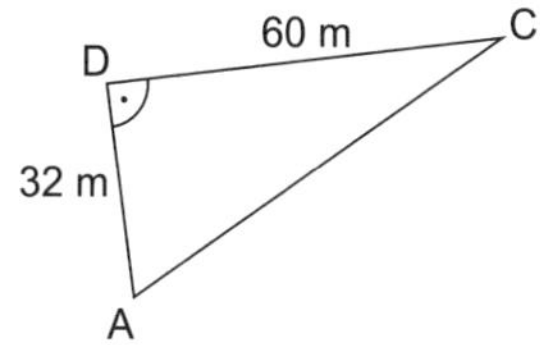

$A = \frac{1}{2} \cdot a \cdot b$

$A = \frac{1}{2} \cdot 60 \cdot 32$

$A = 960$

Berechnung der Größe des Grundstücks von Herrn Müller:
Da das gesamte Grundstück eine Fläche von 1 568 m^2 besitzt, wird die Größe des Grundstücks von Herrn Müller mithilfe der Differenz der Flächen berechnet.

$A = 1\,568 - 960$

$A = 608$

Das Grundstück von Herrn Müller hat eine Fläche von 608 m^2.

oder

Berechnung der Größe des Grundstücks von Herrn Müller im allgemeinen Dreieck ABC:

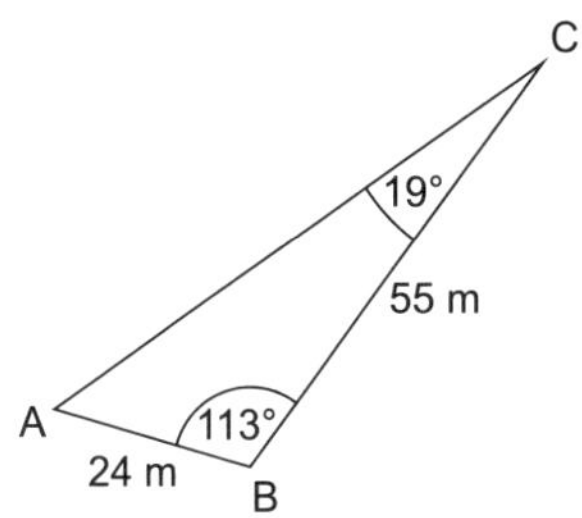

$A = \frac{1}{2} \cdot a \cdot c \cdot \sin\beta$

$A = \frac{1}{2} \cdot 55 \cdot 24 \cdot \sin 113°$

$A = 660 \cdot \sin 113°$

$A = 607{,}53\ldots$

$A \approx 608$

Das Grundstück von Herrn Müller hat eine Fläche von ca. 608 m^2.

Berechnung des Verkaufspreises:

$608 \cdot 30 = 18\,240$

Herr Müller verkauft sein Grundstück für 18 240 €.

Aufgabe 4

a) Berechnung der Größe der Rasenfläche:
Es handelt sich um eine zusammengesetzte Fläche aus einem Rechteck und einem rechtwinkligen Dreieck.

Berechnung der Rechtecksfläche:

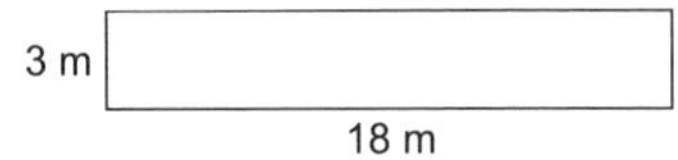

$A_R = a \cdot b$

$A_R = 3 \cdot 18$

$A_R = 54$

Die Rechtecksfläche beträgt 54 m^2.

Berechnung der Dreiecksfläche:

Im rechtwinkligen Dreieck gilt:

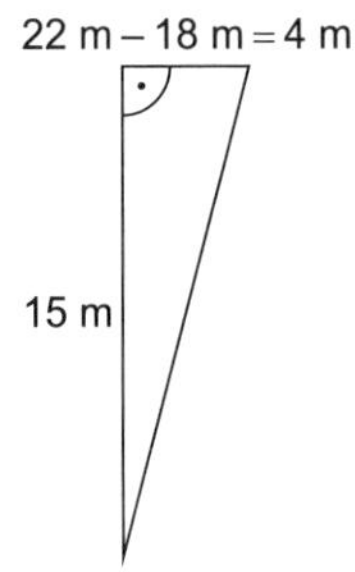

$A_D = \frac{1}{2} \cdot a \cdot b$

$A_D = \frac{1}{2} \cdot 15 \cdot 4$

$A_D = 30$

Die Dreiecksfläche beträgt 30 m^2.

Berechnung der gesamten Rasenfläche:

$A = A_R + A_D$

$A = 54 + 30$

$A = 84$

1 Packung Rasensamen reicht für 35 m^2 Rasenfläche, 2 Packungen Rasensamen reichen also für 70 m^2 Rasenfläche. Da die Rasenfläche 84 m^2 beträgt, ist das zu wenig für die geplante Rasenfläche und 2 Packungen reichen nicht.

b) Skizze:

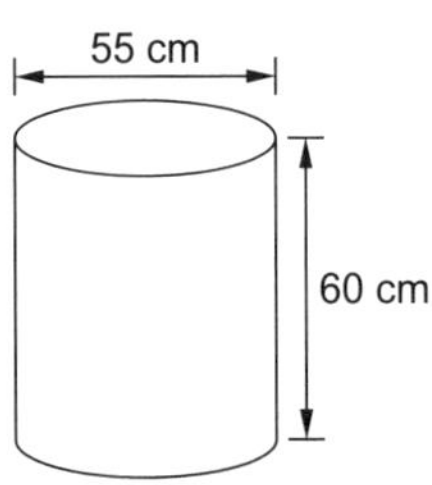

c) Berechnung des Volumens eines zylinderförmigen Blumenkübels:

$d = 55 \text{ cm} \quad \Rightarrow \quad r = 27{,}5 \text{ cm}$

$V = \pi \cdot r^2 \cdot h$

$V = \pi \cdot 27{,}5^2 \cdot 60$

$V \approx 142\,549{,}77$

Ein Blumenkübel hat ein Volumen von 142 549,77 cm^3.

Vier Blumenkübel haben ein Volumen von
$4 \cdot 142\,549{,}77 \text{ cm}^3 = 570\,199{,}08 \text{ cm}^3$.

Umwandlung von cm^3 in ℓ [$1\ \ell = 1\ dm^3 = 1\,000\ cm^3$]:
$570\,199{,}08\ cm^3 \approx 570{,}2\ \ell$

Berechnung der Anzahl der Säcke Blumenerde für vier Blumenkübel:
1 Sack enthält 70 ℓ Blumenerde. Damit gilt:
$570{,}2 : 70 \approx 8{,}15$

oder

Berechnung der Anzahl über die proportionale Zuordnung:

$$\frac{1}{70} = \frac{x}{570{,}2} \qquad | \cdot 570{,}2$$

$$x = \frac{1 \cdot 570{,}2}{70}$$

$$x \approx 8{,}15$$

Hinweis:
Bei dieser Aufgabe wurden die folgenden beiden Antworten als richtig gewertet:

- Es müssen 9 Säcke Blumenerde gekauft werden.
- Es müssen 8 Säcke Blumenerde gekauft werden, weil die Pflanzen Platz brauchen und die Kübel nicht bis zum Rand gefüllt werden müssen.

Aufgabe 5

Allgemeine Funktionsgleichung linearer Funktionen:

$$y = m \cdot x + n$$

m: Steigung, n: y-Achsenabschnitt

a)

Gerade	Aussage	Mathematische Erklärung	Für die Zeichnung
f	„Meine Steigung ist 2"	$m = 2$	Vom Punkt P(3 | 1) die Steigung m = 2 mithilfe des Steigungsdreiecks einzeichnen (1 Einheit nach rechts, 2 Einheiten nach oben).
g	„Zu mir gehört auch der Punkt Q(2 | 0)"	Der Punkt Q ist der Schnittpunkt mit der x-Achse.	Gerade geht durch P(3 | 1) und Q(2 | 0).
h	„Meine Gleichung, die ich leider vergessen habe, hat die Form $y = m \cdot x$"	Die Gerade schneidet die y-Achse im Ursprung: $n = 0$	Gerade geht durch P(3 | 1) und den Ursprung (0 | 0).

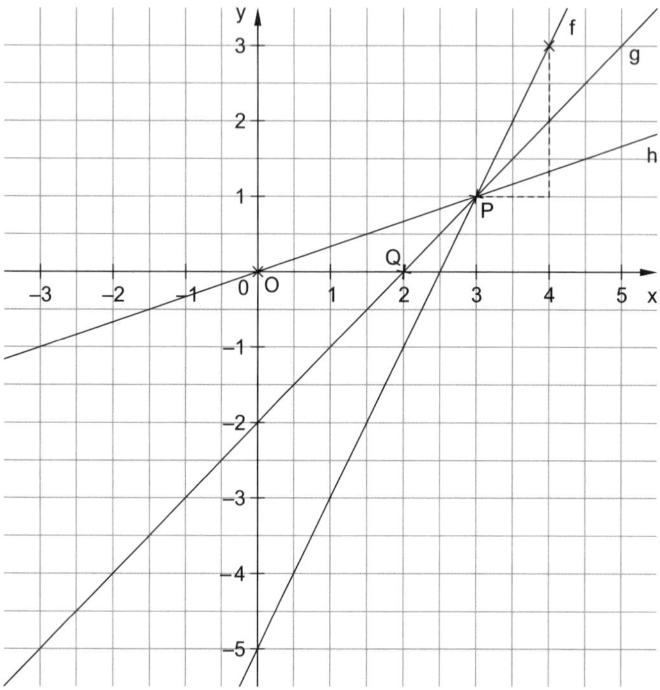

b) Zeichnerische Lösung:
Die Gleichungen der Geraden werden aus der Zeichnung abgelesen:

Gerade	y-Achsenabschnitt	Steigung	Geradengleichung
f	n = −5	m = 2	y = 2x − 5
g	n = −2	1 Einheit nach rechts, 1 Einheit nach oben, $m = \frac{1}{1} = 1$	y = 1x − 2 oder y = x − 2
h	n = 0	3 Einheiten nach rechts, 1 Einheit nach oben, $m = \frac{1}{3}$	$y = \frac{1}{3}x$

oder

Rechnerische Lösung:

- Berechnung der Geradengleichung der Geraden f:
  Die Gerade hat die Steigung m = 2 und geht durch den Punkt P(3 | 1).

Einsetzen in die Gleichung $y = m \cdot x + n$ liefert:

$1 = 2 \cdot 3 + n$

$1 = 6 + n \quad |-6$

$n = -5$

Gleichung: $y = 2x - 5$

- Berechnung der Geradengleichung der Geraden g:
  Die Punkte P(3 | 1) und Q(2 | 0) liegen auf der Geraden. Einsetzen in die Gleichung $y = m \cdot x + n$ liefert ein lineares Gleichungssystem, für dessen Lösung sich das Additionsverfahren anbietet:

  I $\quad 1 = m \cdot 3 + n$

  II $\quad 0 = m \cdot 2 + n$

  I $\quad 1 = 3m + n$

  II $\quad 0 = 2m + n \quad |\cdot(-1)$

  $$\left.\begin{array}{ll} \text{I} & 1 = 3m + n \\ \text{II} & 0 = -2m - n \end{array}\right\} +$$

  I + II $\quad 1 = 1m$

  $\qquad m = 1$

  m = 1 einsetzen in I:

  $1 = 1 \cdot 3 + n$

  $1 = 3 + n \quad |-3$

  $n = -2$

  Gleichung: $y = 1x - 2$ oder $y = x - 2$

- Berechnung der Geradengleichung der Geraden h:
  Die Geradengleichung hat die Form $y = m \cdot x$ und der Punkt P(3 | 1) liegt auf der Geraden. Durch Einsetzen erhält man:

  $1 = m \cdot 3$

  $1 = 3m \quad |:3$

  $m = \frac{1}{3}$

  Gleichung: $y = \frac{1}{3}x$

Insgesamt ergibt sich:

Gerade f: $\mathbf{y = 2x - 5}$

Gerade g: $\mathbf{y = x - 2}$

Gerade h: $\mathbf{y = \frac{1}{3}x}$

c) Parallele Geraden haben dieselbe Steigung, in diesem Fall $m=2$.
Mögliche Gleichung:
$\mathbf{y = 2x + 10}$ **oder** $\mathbf{y = 2x - 3}$ **oder** $\mathbf{y = 2x - 5}$ usw.

Aufgabe 6

a) Beim Ablesen der Werte aus der Grafik ist zu beachten, dass die Zahlenwerte in 1 000 Tonnen angegeben sind.

- Für Frankreich liest man ab: 10,2
  $10{,}2 \cdot 1\,000\ \text{t} = 10\,200\ \text{t}$
  2009 wurden in Frankreich 10 200 t Kerzen produziert.
- Aus der 2. Grafik entnimmt man, dass Kerzen 2 % Bienenwachs enthalten. Es sind also 2 % von 10 200 Tonnen zu berechnen.

  Lösung über proportionale Zuordnung:

  $$\frac{10\,200}{100} = \frac{x}{2} \qquad \Big| \cdot 2$$
  $$x = \frac{10\,200 \cdot 2}{100}$$
  $$x = 204$$

  oder

  Lösung über den Dreisatz:

  $$100\,\% \mathrel{\widehat{=}} 10\,200\ \text{t} \qquad \Big| :100$$
  $$1\,\% \mathrel{\widehat{=}} 102\ \text{t} \qquad \Big| \cdot 2$$
  $$2\,\% \mathrel{\widehat{=}} 204\ \text{t}$$

In Frankreich wurden 2009 für die Kerzenproduktion 204 t Bienenwachs benötigt.

b) 1 % im Kreisdiagramm entspricht 3,6°. Der Anteil von Paraffin an den Kerzenrohstoffen beträgt 85 %.

Berechnung des Winkels:
$\alpha = 85 \cdot 3{,}6°$
$\alpha = 306°$

c) Die Kerzenproduktion in Polen (183,9) ist ungefähr 18-mal so hoch wie die in Portugal (10,0). Also müsste auch in der Grafik die Länge der Kerze für Polen 18-mal so hoch sein wie die für Portugal, was sie aber in der Grafik nicht ist. Die Darstellung des Dochtes und der Flamme ist bei allen Kerzen gleich.

Aufgabe 7

a) 1 $m\ell$ enthält 500 Keime.
1 Liter = 1 000 $m\ell$ enthält $500 \cdot 1\,000$ Keime = **500 000 Keime**.

b) Die Anzahl der Keime verdoppelt sich stündlich. Es gilt also:

Anfangswert:	$y = 500\,000$	$\cdot 2$
Nach 1 Stunde:	$y = 1\,000\,000$	$\cdot 2$
Nach 2 Stunden:	$y = 2\,000\,000$	$\cdot 2$
Nach 3 Stunden:	$y = 4\,000\,000$	$\cdot 2$
Nach 4 Stunden:	$y = 8\,000\,000$	$\cdot 2$
Nach 5 Stunden:	$y = 16\,000\,000$	

$$1\underbrace{6\,000\,000}_{7\text{ Stellen}} = 1{,}6 \cdot 10^7$$

oder

Allgemeine Funktionsgleichung für Exponentialfunktionen: $y = a \cdot q^x$
Anfangswert: $a = 500\,000$
Wachstumsrate: $p\,\% = 100\,\%$ (die Anzahl der Keime verdoppelt sich)

Wachstumsfaktor: $q = 1 + \frac{p}{100} = 1 + \frac{100}{100} = 1 + 1 = 2$

Damit ergibt sich als Funktionsgleichung:
$y = a \cdot q^x = 500\,000 \cdot 2^x$

Anzahl der Stunden: $x = 5$

$y = 500\,000 \cdot 2^5$

$$y = 1\underbrace{6\,000\,000}_{7\text{ Stellen}} = 1{,}6 \cdot 10^7$$

☐ 1,6 ☐ $1{,}6 \cdot 10^6$ ☒ $1{,}6 \cdot 10^7$ ☐ $1{,}6 \cdot 10^4$

c)
- Es handelt sich um ein

  ☐ lineares Wachstum ☒ exponentielles Wachstum

- Begründung:
  Die Anzahl der Keime wächst jede Stunde auf das Doppelte des vorherigen Wertes an, d. h., nach jeder Stunde wird die vorhandene Anzahl an Keimen mit dem Faktor 2 multipliziert. Der Wachstumsfaktor ist also 2. Wäre es eine lineare Funktion, würde sich die Anzahl der Keime jede Stunde um denselben Wert verändern.

d) • Hier handelt es sich um lineares Wachstum, weil nach jeder Stunde zu der vorhandenen Anzahl von Keimen 50 Keime hinzukommen.

Wertetabelle:

Stunde	0	1	2	3	4	5
Keime pro $m\ell$	500	550	600	650	700	750

Vorüberlegungen zum Diagramm:

– Bei einer linearen Funktion ist immer eine Größe abhängig vom Wert der anderen Größe. Diese abhängige Größe wird immer auf der y-Achse dargestellt. Im Beispiel ist die Anzahl der Keime abhängig von der Zeit (Anzahl der Stunden), deshalb wird „Anzahl der Keime pro $m\ell$" der y-Achse zugewiesen.
– Zur Einteilung der Achsen: Auf der x-Achse müssen 0 bis 5 Stunden, auf der y-Achse mindestens 750 Keime darstellbar sein. Es bietet sich folgende Einteilung an: 1 Stunde $\hat{=}$ 1 Einheit, 100 Keime $\hat{=}$ 1 Einheit

Diagramm:

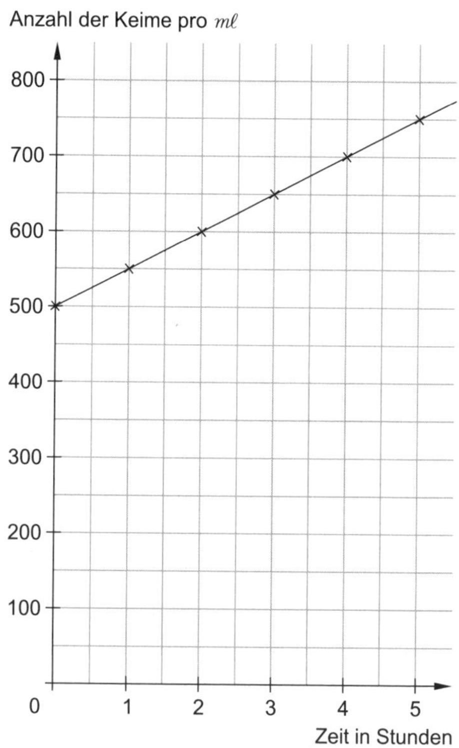

- Funktionsgleichung:

  $y = 50x + 500$ (x: Zeit in Stunden, y: Anzahl der Keime pro $m\ell$)

  ↗ Pro Stunde kommen 50 Keime pro $m\ell$ hinzu.

  ↖ Die Milch enthält direkt nach dem Melken (Stunde null) schon 500 Keime pro $m\ell$.

Aufgabe 8

a) Betrachtet wird das Ereignis E: „Ziehen einer Niete“.
Anzahl aller Lose: 250
Anzahl der Nieten: $250 - 5 - 50 = 195$

$$P(E) = \frac{\text{Anzahl der für E günstigen Ergebnisse}}{\text{Anzahl aller möglichen Ergebnisse}}$$

$$P(E) = \frac{195}{250} = \frac{39}{50} = 0{,}78 = 78\ \%$$

Die Wahrscheinlichkeit, eine Niete zu ziehen, beträgt 78 %.

b) E_1: „Sie zieht zwei Hauptgewinne.“
E_2: „Sie zieht zwei kleine Gewinne.“
Vergleich der Wahrscheinlichkeiten:
Im Lostopf befinden sich nur 5 Hauptgewinne, aber 50 (10-mal mehr) kleine Gewinne. Damit muss die Wahrscheinlichkeit für E_2 wesentlich größer sein als für E_1:
$P(E_2) > P(E_1)$

oder

Berechnungen zum exakten Vergleich der beiden Wahrscheinlichkeiten:

- Berechnung der Einzelwahrscheinlichkeiten:
  Es handelt sich um einen zweistufigen Zufallsversuch, der durch ein reduziertes Baumdiagramm veranschaulicht wird:

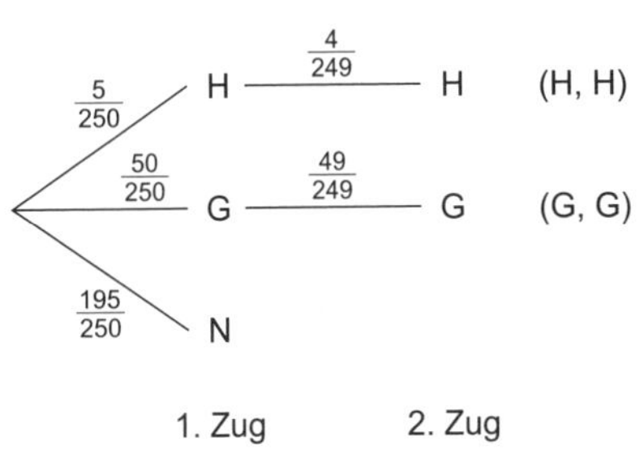

Die Wahrscheinlichkeiten lassen sich mithilfe der 1. Pfadregel berechnen:

$$P(E_1) = \frac{5}{250} \cdot \frac{4}{249} \approx 0{,}000321 \approx 0{,}03\ \%$$

$$P(E_2) = \frac{50}{250} \cdot \frac{49}{249} \approx 0{,}0393 = 3{,}93\ \%$$

- Die Werte für die Wahrscheinlichkeiten werden zueinander „in Relation gesetzt“, d. h., man berechnet, wie oft der kleinere Wert in den größeren Wert passt.
  $P(E_2) : P(E_1) = 3{,}93 : 0{,}032 \approx 122{,}8$
  Die Wahrscheinlichkeit zwei kleine Gewinne zu ziehen ist ungefähr 123-mal höher als die Wahrscheinlichkeit zwei Hauptgewinne zu ziehen.

c) Es handelt sich wieder um einen zweistufigen Zufallsversuch: Es sind noch 230 Lose im Topf, darunter 5 Hauptgewinne, 50 kleinere Gewinne und 175 Nieten.

Reduziertes Baumdiagramm:

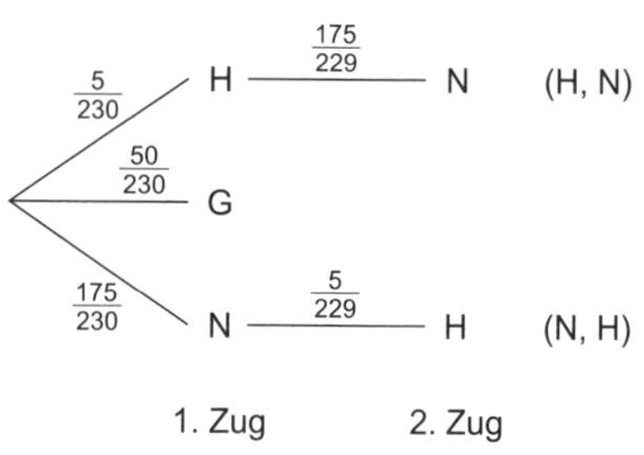

Richtige Lösung:

$$P(\text{„Hauptgewinn und Niete ziehen“}) = \frac{5}{230} \cdot \frac{175}{229} + \frac{175}{230} \cdot \frac{5}{229} \quad \text{(1. und 2. Pfadregel)}$$

Tim hat bei seiner Berechnung vergessen, dass auch zuerst eine Niete und danach ein Hauptgewinn gezogen werden kann.
Selina hat vergessen, dass schon 20 Lose gezogen wurden und deshalb die Gesamtzahlen im 1. Zug und 2. Zug nicht mehr 250 und 249, sondern 230 und 229 sind.

Mittlerer Schulabschluss Berlin/Brandenburg
Mathematik 2013

Punkte

Aufgabe 1 — 10 P.

Basisaufgaben

a) Geben Sie 5,75 Stunden (h) in Minuten (min) an. — 1 P.

5,75 h = ____________________ min

b) Max würfelt mit einem Würfel einmal. Er gewinnt, wenn er eine „1“ oder eine „6“ würfelt.
Wie groß ist die Wahrscheinlichkeit dafür? — 1 P.

____

c) Bestimmen Sie die Größe des Winkels α. — 1 P.

$\alpha =$ ____________________

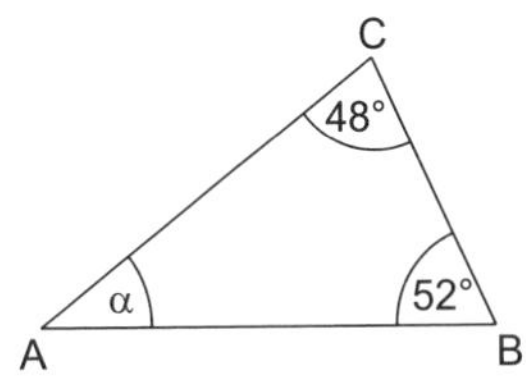

(Skizze nicht maßstabsgerecht)

d) Kreuzen Sie an, welcher der vorgegebenen Terme dem Term $-(-x+10)$ entspricht. — 1 P.

☐ $-x-10$ ☐ $x+10$ ☐ $x-10$ ☐ $10-x$

e) Vereinfachen Sie den Term $\sqrt{3x \cdot 27x}$ $(x > 0)$ schrittweise so weit wie möglich. — 2 P.

____

f) Ein Trapez ist ein Viereck mit genau zwei Symmetrieachsen. Kreuzen Sie an, ob diese Aussage wahr oder falsch ist. 1 P.

☐ wahr ☐ falsch

g) In einer Berliner Schulklasse sind 12 Kinder aus dem Umland. Das sind $\frac{3}{7}$ aller Kinder der Klasse. 2 P.

Geben Sie an, wie viele Kinder die Klasse besuchen.

____

h) Kreuzen Sie an, welche Gleichung zu der dargestellten Geraden gehört. 1 P.

☐ $y = 2x$

☐ $y = -\frac{1}{2}x$

☐ $y = -2x$

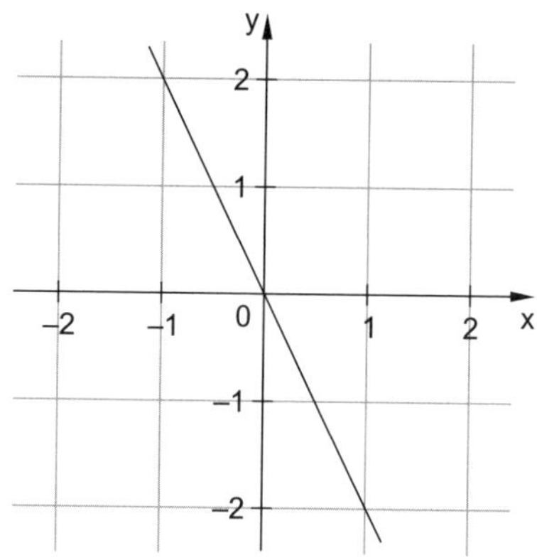

Aufgabe 2 6 P.

Quadratische Funktionen

Gegeben ist folgende verschobene Normalparabel:

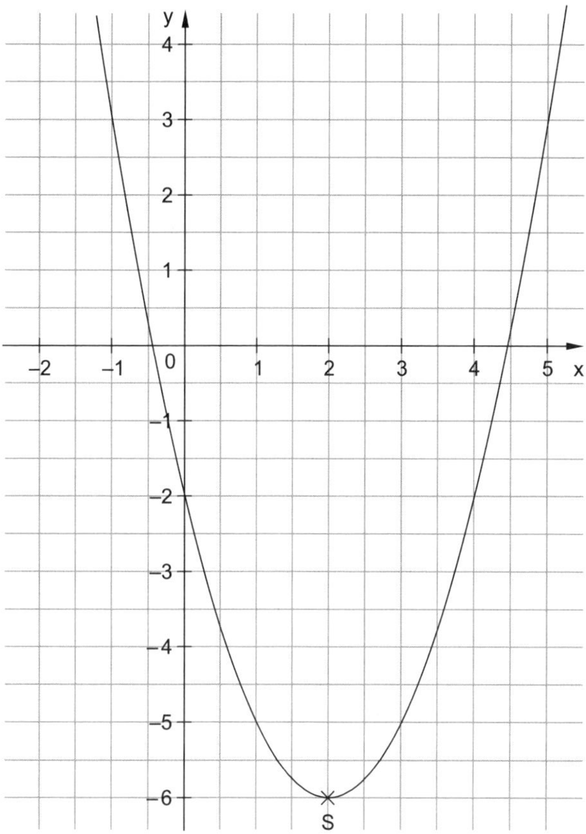

a) Lesen Sie die Koordinaten des Scheitelpunktes S ab. 1 P.

b) Geben Sie eine Funktionsgleichung dieser verschobenen Normalparabel an. 2 P.

c) Eine andere Parabel p hat die Gleichung $p(x) = x^2 + 2x + q$. 3 P.
Ersetzen Sie das q in dieser Gleichung durch eine Zahl, sodass die zugehörige Parabel genau eine Nullstelle hat.
Begründen Sie Ihre Entscheidung.

Aufgabe 3 8 P.

Gewächshaus

Herr Schreber hat sich in einem Baumarkt ein Gewächshaus ausgesucht.
Im Katalog findet er folgende Abbildung:

Gewächshaus (Grundfläche circa 8 m^2)

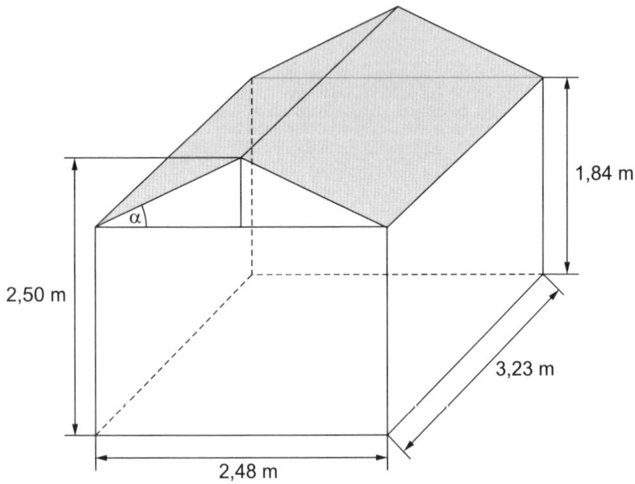

(Abbildung nicht maßstabsgerecht)

a) Überprüfen Sie die Angabe zur Größe der rechteckigen Grundfläche im Katalog durch eine Rechnung. 2 P.

b) Die grau eingefärbte Dachfläche soll einen Sonnenschutz bekommen. 4 P.
Berechnen Sie die Größe dieser Dachfläche.
Runden Sie auf volle Quadratmeter.

c) Bestimmen Sie die Größe des Neigungswinkels α der Dachfläche. 2 P.

Aufgabe 4 6 P.

Aids

Der Weltgesundheitsorganisation waren im Jahr 1981 rund 1 000 Fälle von an Aids erkrankten Personen bekannt.
Diese Anzahl nahm in den 80er Jahren jährlich um ca. 60 % zu.

a) Geben Sie den Wachstumsfaktor für diese Zunahme an. 1 P.

b) In welchem Jahr überstieg die Zahl der Kranken erstmals 20 000? Kreuzen Sie an. 1 P.

☐ 1986 ☐ 1987 ☐ 1988 ☐ 1989

c) Im Diagramm ist die Entwicklung der Anzahl der bekannten AIDS-Fälle dargestellt. 4 P.

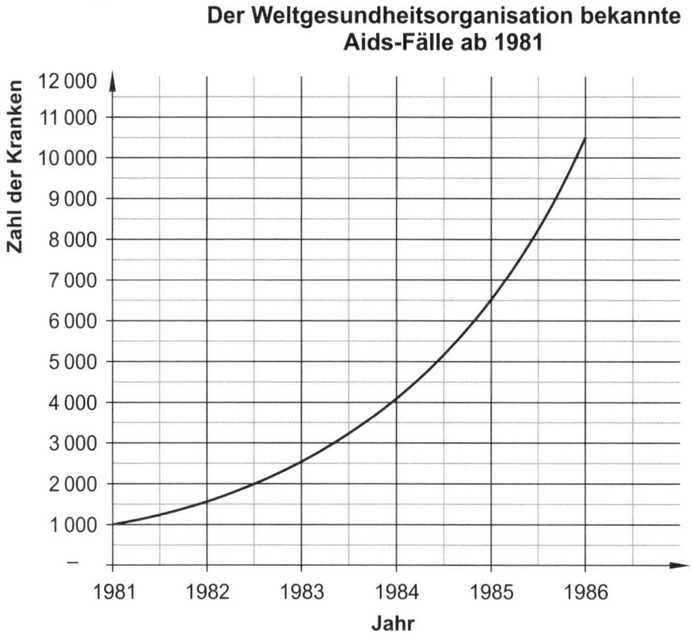

Entscheiden Sie jeweils, ob die Aussage wahr oder falsch ist. Kreuzen Sie an.

	Aussage	wahr	falsch
1	Die Anzahl der erkrankten Personen nahm jährlich um die gleiche Anzahl zu.	☐	☐
2	Bei der Zunahme der Aids-Fälle handelte es sich um exponentielles Wachstum.	☐	☐
3	Bei der Zunahme der Aids-Fälle handelte es sich um lineares Wachstum.	☐	☐
4	Die Anzahl der Neuerkrankten stieg in jedem Jahr.	☐	☐

Aufgabe 5 5 P.

Eiffelturm

Ein Extremsportler möchte vom Punkt B auf einem Drahtseil zur Plattform des Eiffelturms laufen. Ihm steht ein 500 m langes Seil zur Verfügung. Er ermittelt durch Anpeilen von A und B aus die in der Skizze dargestellten Größen.

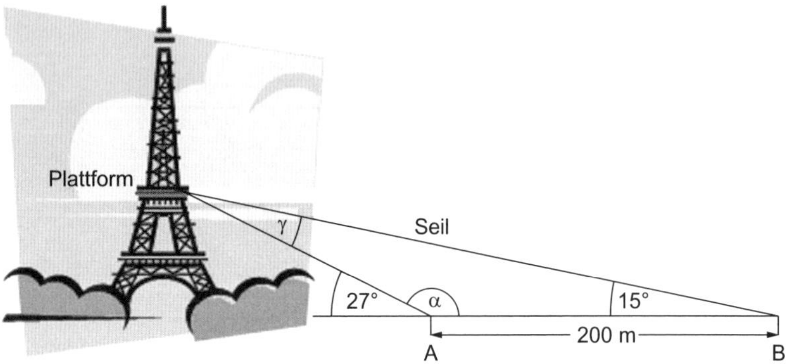

(Skizze nicht maßstabsgerecht)

a) Geben Sie die Größe des Winkels α an. 2 P.
Weisen Sie nach, dass gilt: $\gamma = 12°$.

b) Überprüfen Sie rechnerisch, ob die Länge des Seiles ausreicht. 3 P.

Aufgabe 6 9 P.

Hausarbeit

Anna oder Paula sollen Geschirr spülen.
Beide haben keine Lust.

Anna schlägt vor:
„Der Zufall soll entscheiden, wer von uns beiden spülen muss. Jede von uns würfelt mit zwei Würfeln gleichzeitig.
Du, Paula, musst spülen, wenn die Augensumme 6, 7, 8 oder 9 fällt. Ich muss bei allen anderen Augensummen spülen. Das ist doch großzügig von mir."

„Du bist gar nicht großzügig!", sagt Paula. „Die Augensummen sind doch nicht alle gleich wahrscheinlich."

a) Warum meint Anna, dass sie großzügig ist? Begründen Sie. 2 P.

b) Schreiben Sie alle Möglichkeiten auf, mit 2 Würfeln die Augensumme 9 zu würfeln. 2 P.

c) Berechnen Sie die Wahrscheinlichkeit dafür, dass Paula spülen muss. Entscheiden Sie, ob Paula benachteiligt ist. Begründen Sie. 5 P.

Aufgabe 7 8 P.

Straßenbäume

Die Übersicht zeigt, dass in Berlin von 2005 bis 2009 24 753 Straßenbäume gefällt wurden. Davon wurden 62,8 % durch neue Bäume ersetzt.

Berliner Straßenbäume
Bilanz 2005 bis 2009 nach Bezirken

	Fällungen	Nachpflanzungen in Prozent (gerundet)
Mitte	1 003	213 %
Friedrichshain-Kreuzberg	856	116 %
Treptow-Köpenick	4 474	82 %
Neukölln	1 335	67 %
Reinickendorf	2 498	65 %
Pankow	4 497	56 %
Lichtenberg	1 545	54 %
Tempelhof-Schöneberg	1 376	51 %
Spandau	615	49 %
Marzahn-Hellersdorf	1 129	43 %
Steglitz-Zehlendorf	2 531	29 %
Charlottenb.-Wilmersdorf	2 894	22 %
Berlin gesamt	**24 753**	**62,8 %**

Hönig Christian; BUND-Baumreport 2008/2009. Auswertung der berlinweiten BVV-Anfrage zur Situation der Straßenbäume; Bund für Umwelt und Naturschutz Berlin; Dezember 2010

a) Geben Sie einen Berliner Bezirk an, in dem mehr Straßenbäume gepflanzt als gefällt wurden. 1 P.

b) Notieren Sie unter dem Diagramm die beiden dargestellten Berliner Bezirke. Ergänzen Sie die Säule für Steglitz-Zehlendorf. 3 P.

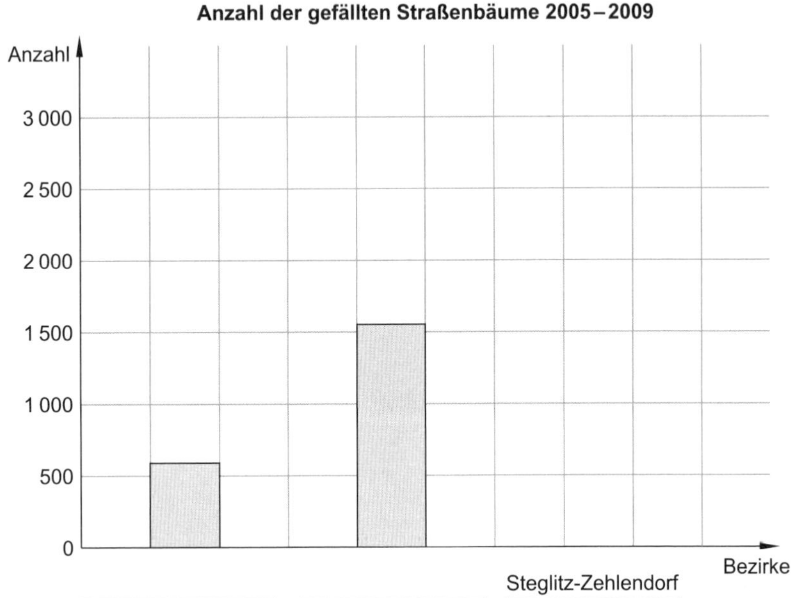

c) Saskia behauptet: „In Mitte wurden die meisten Bäume nachgepflanzt." Fabian sagt: „In Treptow-Köpenick sind aber mehr Bäume nachgepflanzt worden." 4 P.

- Weisen Sie durch Rechnung nach, dass Fabian recht hat.
- Benennen Sie Saskias Denkfehler.

Aufgabe 8 8 P.

Kerzenverpackung

Der Hersteller einer kugelförmigen Kerze mit dem Durchmesser 5 cm möchte die Kerze in einer neuen Verpackung anbieten.

Die Kerze soll in eine Kunststoffschachtel gestellt werden, wie es die Abbildung zeigt.

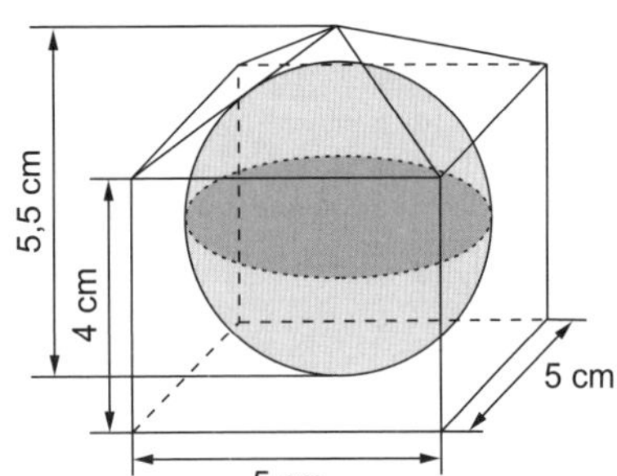

(Skizze nicht maßstabsgerecht)

a) Vervollständigen Sie das Netz der Verpackung. 2 P.

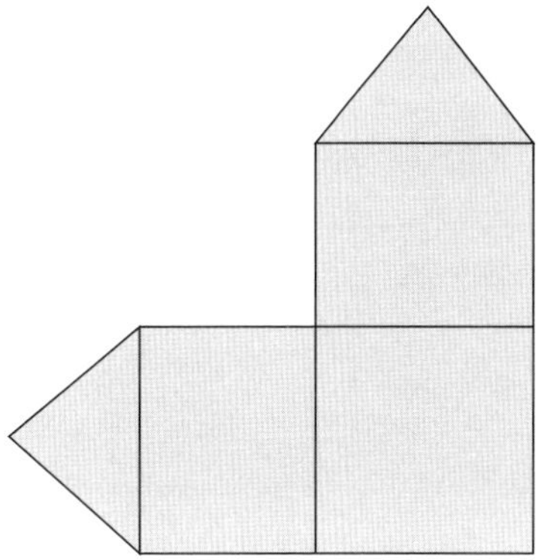

b) Berechnen Sie das Volumen der kugelförmigen Kerze. 2 P.

c) Um die Kerze vor Beschädigungen zu schützen, wird der Hohlraum der Verpackung mit Füllmaterial ausgepolstert. 4 P.
Ermitteln Sie, wie viele Kubikzentimeter Hohlraum ausgepolstert werden müssen.

Lösung

Aufgabe 1

a) Eine Stunde hat 60 Minuten.

Anzahl der Minuten:
$5{,}75 \cdot 60 = 345$

$5{,}75\ \text{h} = \mathbf{345}\ \text{min}$

oder

Anzahl der Minuten in 5 Stunden:
$5 \cdot 60 = 300$

Anzahl der Minuten in 0,75 Stunden:
0,75 Stunden entsprechen $\frac{75}{100} = \frac{3}{4}$. Eine Dreiviertelstunde hat 45 Minuten.

Gesamtanzahl der Minuten:
$300 + 45 = 345$

$5{,}75\ \text{h} = \mathbf{345}\ \text{min}$

b) Menge der günstigen Ergebnisse: $E = \{1; 6\}$
Anzahl der günstigen Ergebnisse: 2
Anzahl der möglichen Ergebnisse: 6

$$P(E) = \frac{2}{6} = \frac{1}{3}$$

Die Wahrscheinlichkeit, eine „1“ oder eine „6“ zu würfeln, ist $\frac{1}{3}$.

c) Die Summe der Innenwinkel eines Dreiecks beträgt 180°. Weil die beiden gegebenen Winkel 48° und 52° sind, gilt für den fehlenden Winkel:
$\alpha = 180° - (48° + 52°)$
$\alpha = 180° - 100°$
$\alpha = \mathbf{80°}$

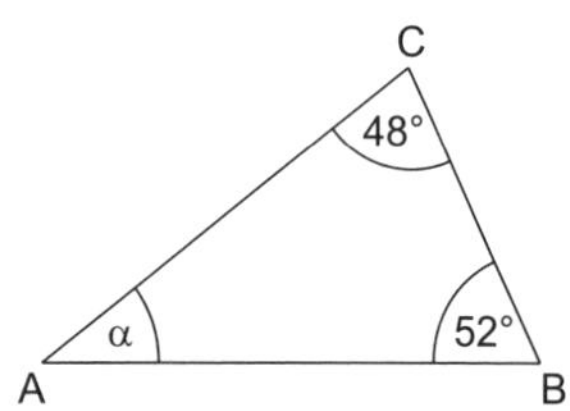

d) Steht ein Minus vor einer Klammer, so kann man die Klammer weglassen, wenn man alle Vor- und Rechenzeichen in der Klammer ändert. Dies entspricht auch der Multiplikation mit (–1).

$$-(-x + 10) = +x - 10$$
$$= x - 10$$

Somit entspricht dem Term $-(-x + 10)$ der vorgegebene Term $x - 10$.

☐ $-x - 10$ ☐ $x + 10$ ☒ $x - 10$ ☐ $10 - x$

e) $\sqrt{3x \cdot 27x} = \sqrt{3 \cdot 27 \cdot x \cdot x}$
$= \sqrt{81x^2}$
$= \sqrt{81} \cdot \sqrt{x^2}$
$= 9x$

f) Ein Trapez ist ein Viereck, das ein Paar parallele Seiten besitzt. Es gibt also auch Trapeze, deren Seiten alle unterschiedlich lang sind. Solche Trapeze haben keine Symmetrieachsen. Die Aussage, dass ein Trapez ein Viereck mit genau zwei Symmetrieachsen ist, ist daher falsch.

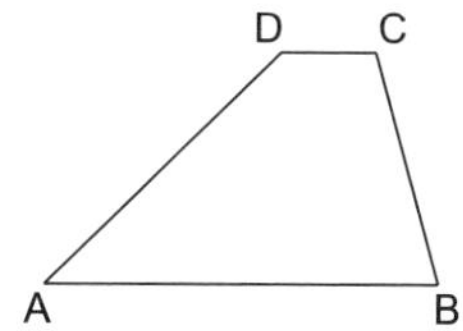

☐ wahr ☒ falsch

g) Bei dieser Aufgabe handelt es sich um eine proportionale Zuordnung. Je mehr Kinder aus dem Umland in der Klasse sind, desto größer ist ihr Anteil an der Klasse. Wären alle Kinder der Klasse aus dem Umland, würde das dem Anteil $\frac{7}{7}$ entsprechen.

Lösung mit dem Dreisatz:

$\frac{3}{7} \triangleq 12$ Kinder $\quad |:3$

$\frac{1}{7} \triangleq 4$ Kinder $\quad |\cdot 7$

$\frac{7}{7} \triangleq 28$ Kinder

oder

Lösung mithilfe der Quotientengleichung:

Anzahl der Kinder	x	12
Anteil an der Klasse	$\frac{7}{7} = 1$	$\frac{3}{7}$

Quotientengleichung:

$$\frac{x}{\frac{7}{7}} = \frac{12}{\frac{3}{7}} \quad \Big| \cdot \frac{3}{7}$$

$$\frac{3}{7}x = 12 \quad |\cdot 7 \quad |:3$$

$$x = \frac{12 \cdot 7}{3}$$

$$x = 28$$

28 Kinder besuchen die Klasse.

h) Zeichnerische Lösung:

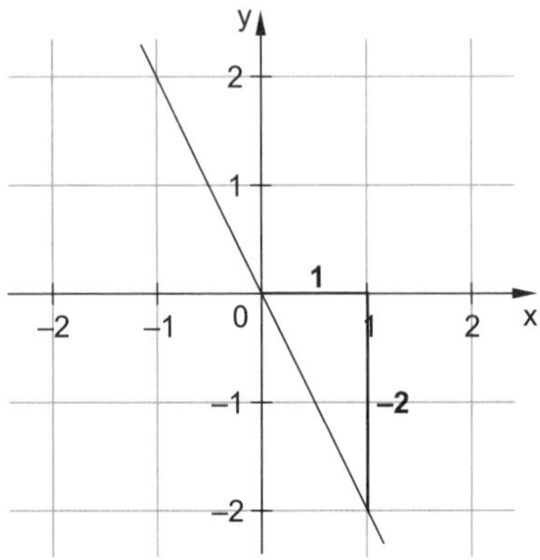

- Weil die dargestellte Gerade durch den Ursprung $(0\,|\,0)$ verläuft, handelt es sich dabei um eine lineare Funktion mit der allgemeinen Funktionsgleichung $y = mx$.
- Da es sich um eine fallende Gerade handelt, ist die Steigung $m < 0$. Mithilfe des Steigungsdreiecks kann m bestimmt werden:
  „Gehe 1 LE nach rechts und 2 LE nach unten", also: $m = \frac{-2}{1} = -2$
- Durch Einsetzen in die allgemeine Funktionsgleichung $y = mx$ ergibt sich die Gleichung: $y = -2x$

oder

Rechnerische Lösung:
Die drei gegebenen Funktionsgleichungen gehören alle zu Ursprungsgeraden. Daher genügt es, wenn man einen Punkt der dargestellten Geraden (nicht den Ursprung!) in die drei Funktionsgleichungen einsetzt und prüft, ob sich dabei eine wahre Aussage ergibt. Führt das Einsetzen zu einer wahren Aussage, so handelt es sich um die richtige Gleichung.

Der Zeichnung kann man entnehmen, dass der Punkt $P(-1\,|\,2)$ auf der Geraden liegt. Einsetzen liefert:

$$y = 2x \qquad 2 \stackrel{?}{=} 2 \cdot (-1) \qquad 2 \neq -2$$

$$y = -\frac{1}{2}x \qquad 2 \stackrel{?}{=} -\frac{1}{2} \cdot (-1) \qquad 2 \neq \frac{1}{2}$$

$$y = -2x \qquad 2 \stackrel{?}{=} -2 \cdot (-1) \qquad 2 = 2 \quad \text{(w)}$$

Somit gilt:

☐ $y = 2x$ ☐ $y = -\frac{1}{2}x$ ☒ $y = -2x$

Aufgabe 2

a) Der Scheitelpunkt einer nach oben geöffneten Parabel ist der tiefste Punkt der Parabel:
$S(2\,|\,-6)$

b) Um die Funktionsgleichung zu bestimmen, wird der Scheitelpunkt $S(2\,|\,-6)$, allgemein $S(-d\,|\,e)$, in die Scheitelpunktform der verschobenen Normalparabel $y = f(x) = (x+d)^2 + e$ eingesetzt.

Für den Scheitelpunkt $S(2\,|\,-6)$, also $d = -2$ und $e = -6$, erhält man:
$y = (x-2)^2 - 6$

Diese Gleichung kann auch umgeformt werden. Dadurch erhält man weitere mögliche Funktionsgleichungen:

$y = x^2 - 4x + 4 - 6$

$y = x^2 - 4x - 2$

oder

Um die Funktionsgleichung zu bestimmen, setzt man zwei Punkte, die auf der Parabel liegen, in die Normalform $y = x^2 + px + q$ ein. Hier kann man z. B. die Punkte $S(2\,|\,-6)$ und $P(0\,|\,-2)$ verwenden und man erhält so ein lineares Gleichungssystem:

$\text{I} \quad -6 = 2^2 + p \cdot 2 + q \qquad S(2\,|\,-6)$ eingesetzt

$\text{II} \quad -2 = 0^2 + p \cdot 0 + q \qquad P(0\,|\,-2)$ eingesetzt

$\text{I} \quad -6 = 4 + 2p + q$

$\text{II} \quad -2 = q$

Einsetzungsverfahren:
II in I:

$-6 = 4 + 2p - 2$

$-6 = 2 + 2p \qquad |-2$

$-8 = 2p \qquad |:2$

$p = -4$

Damit ergibt sich die Gleichung: $y = x^2 - 4x - 2$

c) Da in den Nullstellen einer Parabel die Funktionswerte gleich null sind, wird die Funktionsgleichung gleich null gesetzt:

$p(x) = x^2 + 2x + q \quad \Rightarrow \quad 0 = x^2 + 2x + q$

Berechnung der Nullstellen mithilfe der p-q-Formel:

$0 = x^2 + 2x + q$ (Normalform; p = 2; q = ?)

$$x_{1/2} = -\frac{p}{2} \pm \sqrt{\left(\frac{p}{2}\right)^2 - q}$$

$$x_{1/2} = -\frac{2}{2} \pm \sqrt{\left(\frac{2}{2}\right)^2 - q}$$

$$x_{1/2} = -1 \pm \sqrt{1-q}$$

Damit die Parabel nur eine Nullstelle hat, sich also für x nur eine Lösung ergibt, muss der Ausdruck unter dem Wurzelzeichen (Diskriminante) $1-q$ null werden:

$$1 - q = 0 \quad |+q$$
$$1 = q$$

Die Parabel hat somit für $q = 1$ genau eine Nullstelle.

Hinweis:
Für $q = 1$ lautet die Nullstelle der Parabel: $x = -1 \pm \sqrt{1-1} = -1 \pm 0 = -1$

oder

Die Parabel hat nur dann genau eine Nullstelle, wenn ihr Scheitelpunkt auf der x-Achse liegt. Es muss also zunächst die Normalform der Parabel mittels quadratischer Ergänzung in die Scheitelpunktform umgewandelt werden:

$$0 = x^2 + 2x + q$$

$$0 = x^2 + 2x + \left(\frac{2}{2}\right)^2 - \left(\frac{2}{2}\right)^2 + q$$

$$0 = (x^2 + 2x + 1) - 1 + q$$

$$0 = (x+1)^2 - 1 + q$$

Der Scheitel der Parabel liegt auf der x-Achse, wenn seine y-Koordinate $e = -1 + q$ null ist, also wenn $q = 1$ gilt. Somit hat die Parabel für $q = 1$ genau eine Nullstelle.

Aufgabe 3

a) Berechnung der rechteckigen Grundfläche:

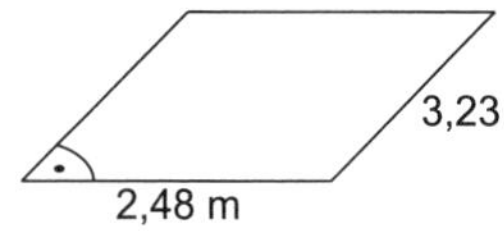

$A = a \cdot b$

$A = 2,48 \cdot 3,23$

$A = 8,0104$

Das Gewächshaus hat eine Grundfläche von etwa 8,01 m^2. Die Angabe im Katalog ist somit richtig.

b) Berechnung der Größe der eingefärbten Dachfläche:

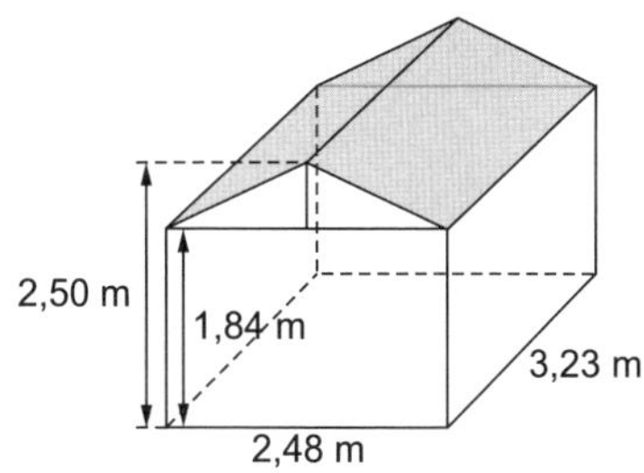

Die eingefärbte Dachfläche besteht aus zwei kongruenten Rechtecken. Eine Rechteckseite misst 3,23 m, die Länge der anderen Seite wird zunächst mithilfe des Satzes von Pythagoras ermittelt.

Berechnung der Länge x der Rechteckseite: Die gesuchte Seite x ist die Hypotenuse im rechtwinkligen Dreieck.

Höhe des Dachgiebels (Kathete 1):
$2,50 - 1,84 = 0,66$

Hälfte der Hausbreite (Kathete 2):
$2,48 : 2 = 1,24$

Satz von Pythagoras:

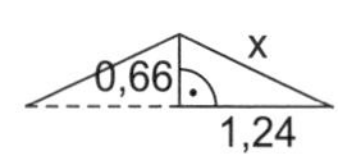

$x^2 = 1,24^2 + 0,66^2$

$x^2 = 1,5376 + 0,4356$

$x^2 = 1,9732 \quad | \sqrt{\ }$

$x \approx 1,4$

Die zweite Rechteckseite ist ca. 1,4 m lang.

Berechnung der Fläche des Daches:

$A = 2 \cdot A_{Rechteck}$

$A = 2 \cdot x \cdot 3,23$

$A = 2 \cdot 1,4 \cdot 3,23$

$A = 9,044$

$A \approx 9$

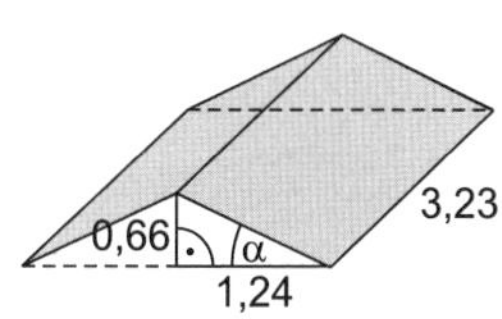

Das Dach hat eine Fläche von etwa 9 m^2.

c) Berechnung der Größe des Neigungswinkels α:

Mithilfe des Tangens:

Vom Winkel α aus betrachtet ist die Seite 0,66 die Gegenkathete und die Seite 1,24 die Ankathete.

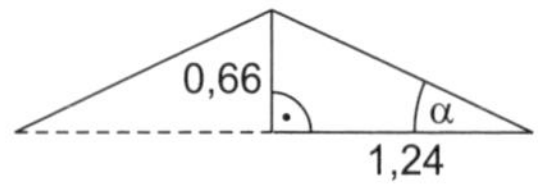

$$\tan\alpha = \frac{\text{Gegenkathete}}{\text{Ankathete}}$$

$$\tan\alpha = \frac{0,66}{1,24}$$

$$\tan\alpha = 0,5322\ldots$$

$$\alpha \approx 28,0^\circ$$

oder

Mithilfe des Sinus:

Vom Winkel α aus betrachtet ist die Seite 0,66 die Gegenkathete und die Seite 1,4 die Hypotenuse.

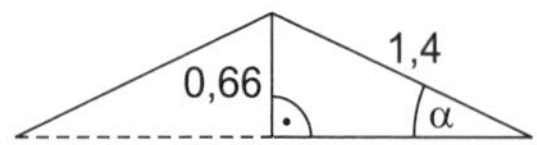

$$\sin\alpha = \frac{\text{Gegenkathete}}{\text{Hypotenuse}}$$

$$\sin\alpha = \frac{0,66}{1,4}$$

$$\sin\alpha = 0,4714\ldots$$

$$\alpha \approx 28,1^\circ$$

oder

Mithilfe des Kosinus:

Vom Winkel α aus betrachtet ist die Seite 1,24 die Ankathete und die Seite 1,4 die Hypotenuse.

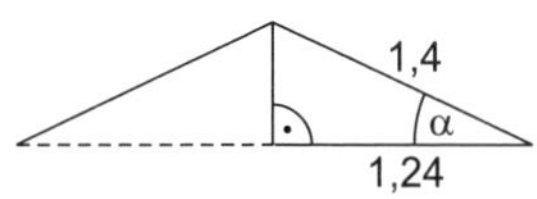

$$\cos\alpha = \frac{\text{Ankathete}}{\text{Hypotenuse}}$$

$$\cos\alpha = \frac{1,24}{1,4}$$

$$\cos\alpha = 0,8857\ldots$$

$$\alpha \approx 27,7^\circ$$

oder

Mithilfe einer maßstäblichen Zeichnung (Maßstab 1 : 25):

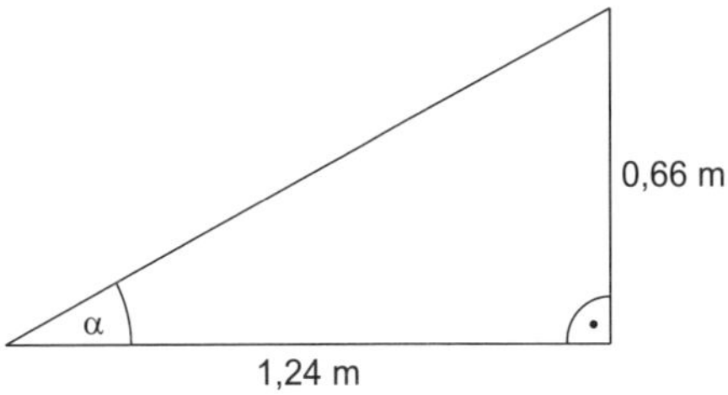

Nach Messung beträgt $\alpha = 28°$.

Aufgabe 4

a) Die prozentuale Wachstumsrate beträgt p % = 60 %. Damit gilt für den Wachstumsfaktor q:

$$q = 1 + \frac{p}{100} = 1 + \frac{60}{100} = 1 + 0,6 = 1,6$$

Der Wachstumsfaktor für diese Zunahme beträgt 1,6.

b) Im Jahr 1981 gab es 1 000 Kranke. Die Anzahl der Kranken nahm jedes Jahr um den Faktor 1,6 zu. Die Werte für die darauffolgenden Jahre werden in folgender Tabelle dargestellt. Dabei wird die Zahl der Kranken gerundet.

Jahr	1981	1982	1983	1984	1985	1986	1987	1988
Anzahl der Kranken	1 000	1 600	2 560	4 096	6 554	10 486	16 778	26 845
	· 1,6	· 1,6	· 1,6	· 1,6	· 1,6	· 1,6	· 1,6	

Da Anfang 1988 bereits 26 845 Aidserkrankte gezählt wurden, überstieg deren Zahl im Jahr 1987 erstmals die 20 000.

oder

Es handelt sich um eine Exponentialfunktion mit der allgemeinen Funktionsgleichung $y = a \cdot q^x$.

Anfangswert: $a = 1\,000$ (Anzahl der Erkrankten im Jahr 1981)
Wachstumsfaktor: $q = 1,6$
Anzahl der Jahre: x
Damit ergibt sich als Funktionsgleichung: $y = 1\,000 \cdot 1,6^x$

Anzahl der Erkrankten im Jahr 1986, also für $x = 1986 - 1981 = 5$:
$y = 1\,000 \cdot 1,6^5 = 10\,485,76$

Anzahl der Erkrankten im Jahr 1987, also für $x = 1987 - 1981 = 6$:
$y = 1\,000 \cdot 1{,}6^6 = 16\,777{,}216$

Anzahl der Erkrankten im Jahr 1988, also für $x = 1988 - 1981 = 7$:
$y = 1\,000 \cdot 1{,}6^7 = 26\,843{,}5456$

Da Anfang 1988 bereits 26 844 Aidserkrankte gezählt wurden, überstieg deren Zahl im Jahr 1987 erstmals die 20 000.

☐ 1986 ☒ 1987 ☐ 1988 ☐ 1989

Hinweis:
Geht man davon aus, dass die Anzahl der Kranken jeweils zum Jahresbeginn ermittelt wird, ist 1987 die richtige Lösung. Da man aber ebenfalls davon ausgehen könnte, dass die Krankheitsfälle erst am Ende des Jahres gezählt werden, wurde 1988 ebenfalls als richtige Lösung akzeptiert.

c)

	Aussage	**wahr**	**falsch**
1	Die Anzahl der erkrankten Personen nahm jährlich um die gleiche Anzahl zu.	☐	☒
2	Bei der Zunahme der Aids-Fälle handelte es sich um exponentielles Wachstum.	☒	☐
3	Bei der Zunahme der Aids-Fälle handelte es sich um lineares Wachstum.	☐	☒
4	Die Anzahl der Neuerkrankten stieg in jedem Jahr.	☒	☐

Begründungen:

- Aussage 1 ist falsch. Würde die Anzahl der erkrankten Personen jährlich um die gleiche Anzahl zunehmen, so wäre das im Diagramm durch eine Gerade dargestellt und nicht durch eine Kurve.

  oder

  Dem Diagramm ist zu entnehmen, dass die Zunahme von 1981 bis 1982 ca. 600 Krankheitsfälle betrug, während deren Zahl von 1982 bis 1983 bereits um etwa 1 000 stieg. Daher ist Aussage 1 falsch.
- Aussage 2 ist richtig, da der im Diagramm abgebildete Graph zu einer exponentiellen Wachstumsfunktion gehört.
- Aussage 3 ist falsch. Wäre es eine lineare Wachstumsfunktion, so wäre sie im Diagramm durch eine Gerade dargestellt. Außerdem würde die Anzahl der Erkrankten dann immer um den gleichen Wert zunehmen.
- Aussage 4 ist richtig. Die Anzahl der Neuerkrankten stieg in jedem Jahr, was im Diagramm an dem kontinuierlichen Anstieg des Graphen zu erkennen ist.

Aufgabe 5

a) Berechnung von α:
Weil α und $27°$ Nebenwinkel sind, ergeben sie zusammen $180°$:

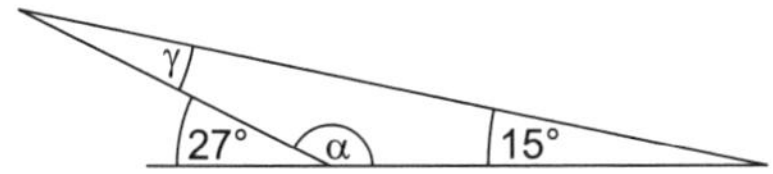

$$\alpha + 27° = 180° \qquad |-27°$$
$$\alpha = 153°$$

Berechnung von γ:
Die Winkelsumme im Dreieck beträgt $180°$. Damit gilt:

$$153° + 15° + \gamma = 180°$$
$$168° + \gamma = 180° \qquad |-168°$$
$$\gamma = 12°$$

b) Berechnung der benötigten Seillänge x mithilfe des Sinussatzes:

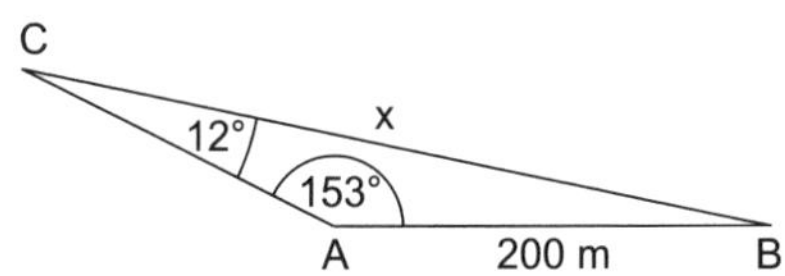

$$\frac{a}{\sin\alpha} = \frac{c}{\sin\gamma}$$
$$\frac{x}{\sin 153°} = \frac{200}{\sin 12°} \qquad |\cdot \sin 153°$$
$$x = \frac{200 \cdot \sin 153°}{\sin 12°}$$
$$x \approx 436{,}71$$

oder

Berechnung der der benötigten Seillänge mithilfe der Dreieckshöhe h: Das vorhandene Dreieck wird durch Einzeichnen der Höhe h in die beiden rechtwinkligen Dreiecke ABD und ADC zerlegt.

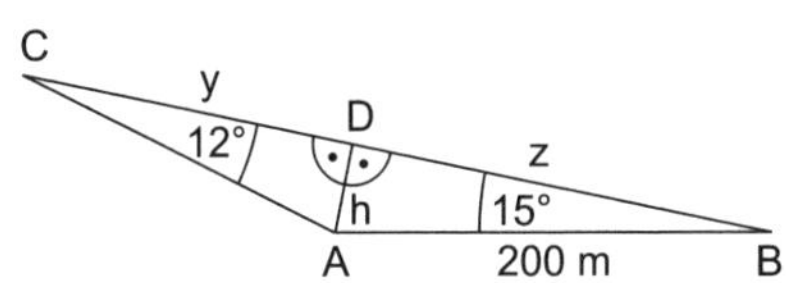

Berechnung von z im rechtwinkligen Dreieck ABD:

$$\cos 15° = \frac{\text{Ankathete}}{\text{Hypotenuse}}$$
$$\cos 15° = \frac{z}{200} \qquad |\cdot 200$$
$$z = 200 \cdot \cos 15°$$
$$z \approx 193{,}19$$

Berechnung der Höhe h im rechtwinkligen Dreieck ABD:
Mithilfe des Sinus:

$$\sin 15° = \frac{\text{Gegenkathete}}{\text{Hypotenuse}}$$

$$\sin 15° = \frac{h}{200} \qquad | \cdot 200$$

$$h = 200 \cdot \sin 15°$$

$$h \approx 51{,}76$$

oder

Mithilfe des Satzes von Pythagoras:

$$z^2 + h^2 = 200^2$$

$$193{,}19^2 + h^2 = 200^2 \qquad | -193{,}19^2$$

$$h^2 = 200^2 - 193{,}19^2$$

$$h^2 = 40\,000 - 37\,322{,}3716$$

$$h^2 = 2\,667{,}6239 \qquad | \sqrt{}$$

$$h \approx 51{,}75$$

Hinweis: Die unterschiedlichen Nachkommastellen von h sind die Folge vom Rechnen mit gerundeten Werten.

Berechnung von z im rechtwinkligen Dreieck ADC:

$$\tan 12° = \frac{\text{Gegenkathete}}{\text{Ankathete}}$$

$$\tan 12° = \frac{51{,}76}{y} \qquad | \cdot y$$

$$y \cdot \tan 12° = 51{,}76 \qquad | : \tan 12°$$

$$y = \frac{51{,}76}{\tan 12°}$$

$$y \approx 243{,}51$$

Benötigte Seillänge:
$y + z = 243{,}51 + 193{,}19 = 436{,}70$

Das vorhandene Seil mit der Länge von 500 m ist lang genug.

Aufgabe 6

a) Mögliche Augensummen beim Würfeln mit 2 Würfeln:
2; 3; 4; 5; 6; 7; 8; 9; 10; 11; 12

Augensummen, bei denen Paula spülen muss:
6; 7; 8; 9

Augensummen, bei denen Anna spülen muss:
2; 3; 4; 5; 10; 11; 12

Beim Würfeln mit zwei Würfeln gibt es insgesamt 11 mögliche Augensummen. Paula muss bei 4 der 11 möglichen Augensummen spülen, Anna bei 7 von 11 Augensummen. Da Anna somit bei fast doppelt so vielen Augensummen das Spülen übernimmt, findet sie ihr Angebot großzügig.

b) Im folgenden Diagramm sind alle Augensummen, die beim Würfeln mit 2 Würfeln entstehen können, dargestellt:

Würfel 1 / Würfel 2	**1**	**2**	**3**	**4**	**5**	**6**
1	2	3	4	5	6	7
2	3	4	5	6	7	8
3	4	5	6	7	8	**9**
4	5	6	7	8	**9**	10
5	6	7	8	**9**	10	11
6	7	8	**9**	10	11	12

Die Augensumme 9 erhält man bei folgenden Würfelkombinationen:
E(Augensumme 9) = {(6 | 3); (5 | 4); (4 | 5); (3 | 6)}

c) Da Paula bei den Augensummen 6, 7, 8 oder 9 spülen muss, wird das Ereignis E: „Die Augensumme beträgt 6, 7, 8 oder 9“ betrachtet. Dazu sind die für E günstigen Ergebnisse im Diagramm mit allen möglichen Augensummen fett markiert:

Würfel 1 / Würfel 2	**1**	**2**	**3**	**4**	**5**	**6**
1	2	3	4	5	**6**	**7**
2	3	4	5	**6**	**7**	**8**
3	4	5	**6**	**7**	**8**	**9**
4	5	**6**	**7**	**8**	**9**	10
5	**6**	**7**	**8**	**9**	10	11
6	**7**	**8**	**9**	10	11	12

Anzahl der für E günstigen Ergebnisse:
20
Anzahl aller möglichen Ergebnisse beim Würfeln mit 2 Würfeln:
36

Berechnung der Wahrscheinlichkeit dafür, dass Paula spülen muss:

$$P(E) = \frac{\text{Anzahl der für E günstigen Ergebnisse}}{\text{Anzahl aller möglichen Ergebnisse}}$$

$$P(E) = \frac{20}{36} = \frac{5}{9} = 0,\overline{5} \approx 0,56 = 56\ \%$$

Die Wahrscheinlichkeit dafür, dass Paula spülen muss, beträgt 56 %. Daraus ergibt sich, dass Anna mit einer Wahrscheinlichkeit von nur $100\ \% - 56\ \% = 44\ \%$ spülen muss. Paula ist tatsächlich benachteiligt.

oder

Die Wahrscheinlichkeit dafür, dass Paula spülen muss, ist größer als 50 %. Damit ist Paula in der Tat benachteiligt.

Aufgabe 7

a) Es wurden mehr Bäume gepflanzt als gefällt, wenn die Nachpflanzungen über 100 % liegen. Richtige Antworten sind also:
Mitte (mit 213 %) **oder** Friedrichshain-Kreuzberg (mit 116 %)

b) Vorüberlegungen zum Diagramm:

- Die Zahl der gefällten Bäume ist im Diagramm durch die Säulenhöhe dargestellt und wird an der y-Achse abgelesen.
  Säule 1: ca. 600 Bäume
  Säule 2: ca. 1 550 Bäume
  Vergleicht man diese Werte mit denen in der Übersicht, so passen nur 2 Bezirke zu diesen Zahlen:
  Spandau mit 615 Fällungen und Lichtenberg mit 1 545 Fällungen
- Die Anzahl der Fällungen in Steglitz-Zehlendorf lag bei 2 531, deshalb hat die zugehörige Säule in dem Diagramm eine Höhe von etwa 5 Einheiten. Die Breite der Säule entspricht der Breite der beiden anderen Säulen.

Diagramm:

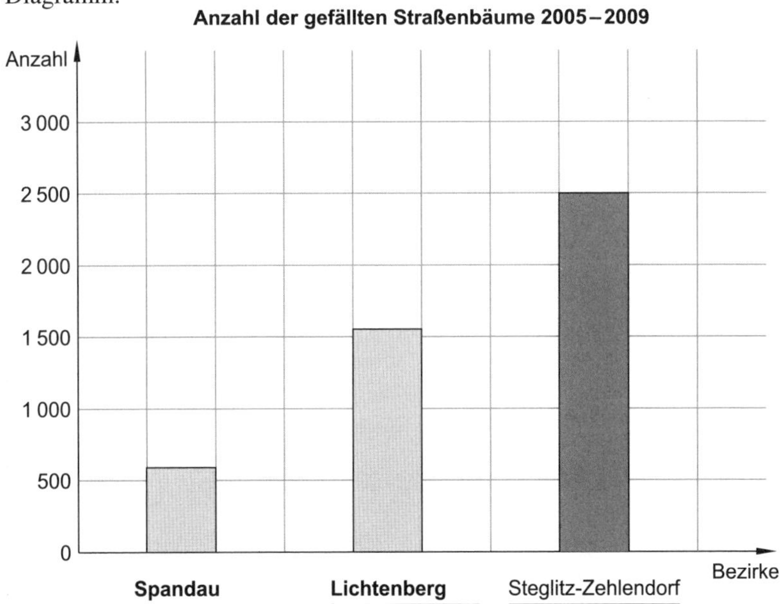

c) • Anzahl der Nachpflanzungen in Mitte:
Der Übersicht ist zu entnehmen, dass in Mitte 1 003 Bäume gefällt (Grundwert G = 1 003) und davon 213 % nachgepflanzt wurden (Prozentsatz p % = 213 %).

Lösung über proportionale Zuordnung:

$$\frac{1\,003}{100} = \frac{x}{213} \qquad |\cdot 213$$

$$x = \frac{1\,003 \cdot 213}{100}$$

$$x = 2\,136{,}39$$

oder

Lösung über den Dreisatz:

$$100\,\% \mathrel{\hat{=}} 1\,003 \qquad |:100$$

$$1\,\% \mathrel{\hat{=}} 10{,}03 \qquad |\cdot 213$$

$$213\,\% \mathrel{\hat{=}} 2\,136{,}39$$

Anzahl der Nachpflanzungen in Treptow-Köpenick:
Der Übersicht ist zu entnehmen, dass in Treptow-Köpenick 4 474 Bäume gefällt (Grundwert G = 4 474) und davon 82 % nachgepflanzt wurden (Prozentsatz p % = 82 %).

Lösung über proportionale Zuordnung:

$$\frac{4\,474}{100} = \frac{x}{82} \qquad |\cdot 82$$

$$x = \frac{4\,474 \cdot 82}{100}$$

$$x = 3\,668{,}68$$

oder

Lösung über den Dreisatz:

$$100\,\% \mathrel{\hat{=}} 4\,474 \qquad |:100$$

$$1\,\% \mathrel{\hat{=}} 44{,}74 \qquad |\cdot 82$$

$$82\,\% \mathrel{\hat{=}} 3\,668{,}68$$

In Mitte wurden nur ca. 2 136 Bäume nachgepflanzt, in Treptow-Köpenick waren es ca. 3 669, also hat Fabian recht.

• Saskia vergleicht die Prozentsätze miteinander und nicht die absoluten Zahlen. Sie übersieht, dass die Grundwerte unterschiedlich sind. In Mitte wurden nur prozentual die meisten Bäume nachgepflanzt.

Aufgabe 8

a) Netz der Verpackung:

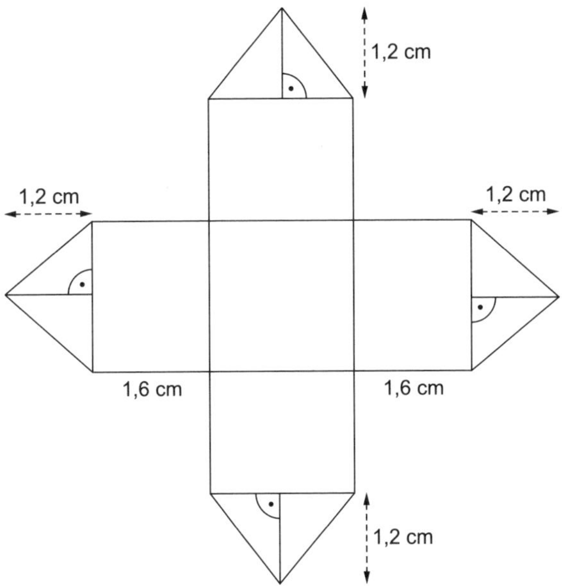

b) Berechnung des Volumens der kugelförmigen Kerze:
$d = 5\text{ cm} \quad \Rightarrow \quad r = 2{,}5\text{ cm}$

$$V = \frac{4}{3} \cdot \pi \cdot r^3$$

$$V = \frac{4}{3} \cdot \pi \cdot 2{,}5^3$$

$$V \approx 65{,}45$$

Das Volumen der kugelförmigen Kerze beträgt etwa 65,45 cm^3.

c) Die Verpackung ist ein zusammengesetzter Körper aus einem Quader und einer Pyramide mit quadratischer Grundfläche.

Berechnung des Quadervolumens:

$V_Q = a \cdot b \cdot c$

$V_Q = 5 \cdot 5 \cdot 4$

$V_Q = 100$

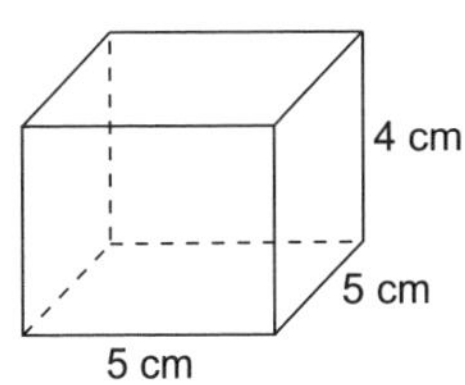

Der Quader hat ein Volumen von 100 cm^3.

Berechnung des Pyramidenvolumens:
Die Grundfläche ist ein Quadrat mit der Seitenlänge 5 cm. Die Körperhöhe h ergibt sich aus der Differenz der Gesamthöhe und der Höhe des Quaders:
$h = 5{,}5\text{ cm} - 4\text{ cm} = 1{,}5\text{ cm}$

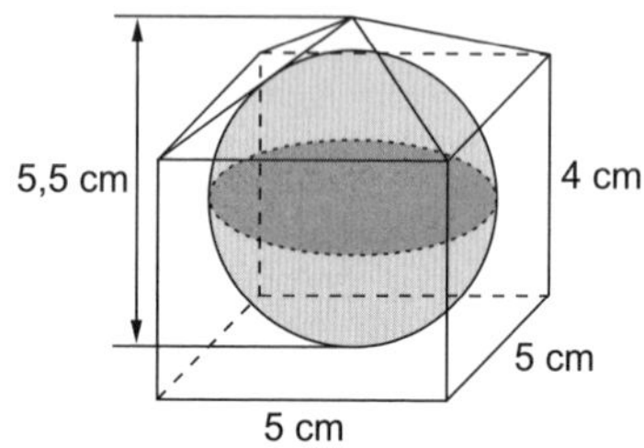

$$V_P = \frac{1}{3} \cdot G \cdot h$$

$$V_P = \frac{1}{3} \cdot 5^2 \cdot 1{,}5$$

$$V_P = 12{,}5$$

Die Pyramide hat ein Volumen von 12,5 cm^3.

Berechnung des Gesamtvolumens der Verpackung:
$V_V = V_Q + V_P = 100 + 12{,}5 = 112{,}5$

Berechnung der Größe des Hohlraums:
Die Kerze füllt in der Verpackung ein Volumen von $V = 65{,}45\text{ cm}^3$ aus. Der Hohlraum beträgt daher:
$V_V - V = 112{,}5 - 65{,}45 = 47{,}05$

Es müssen 47,05 cm^3 ausgepolstert werden.

Mittlerer Schulabschluss und erweiterte Berufsbildungsreife
Berlin/Brandenburg Mathematik 2014

Punkte

Aufgabe 1 — 10 P.

Basisaufgaben

a) Bestimmen Sie 13 % von 50 €. — 1 P.

____

b) Eine Lostrommel enthält 80 Nieten und 20 Gewinnlose. — 1 P.
Geben Sie die Gewinnwahrscheinlichkeit P an.

P(Gewinn) = ______________________________

c) Geben Sie eine Zahl an, die zwischen $\frac{1}{2}$ und $\frac{4}{5}$ liegt. — 1 P.

____

d) Ein Spielwürfel wird einmal geworfen. — 1 P.
Geben Sie die Wahrscheinlichkeit dafür an, dass weder eine 1 noch eine 6 gewürfelt werden.

____

e) Frau Klein erhält in einem Jahr für ihre 10 000 € Sparguthaben 230 € Zinsen. — 1 P.
Bestimmen Sie den Zinssatz.

____

f) Es gilt: $\alpha = 50°$ und $\gamma = 30°$ — 1 P.
Geben Sie die Größe des Winkels β an.

$\beta =$ ______________________________

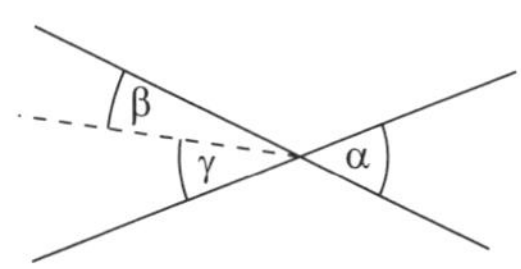

(Skizze nicht maßstabsgerecht)

g) Geben Sie einen Term für die Berechnung des Umfangs u der grauen Fläche an. — 1 P.

____

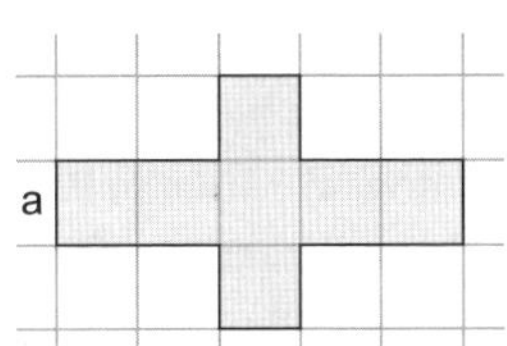

h) Ordnen Sie die Zahlen nach ihrer Größe. 1 P.
Beginnen Sie mit der kleinsten Zahl.

$-\frac{1}{2}; \quad 1{,}4; \quad -0{,}512; \quad \sqrt{2}$

i) Geben Sie den Anteil der grau gefärbten Fläche als Bruch **und** in Prozent an. 2 P.

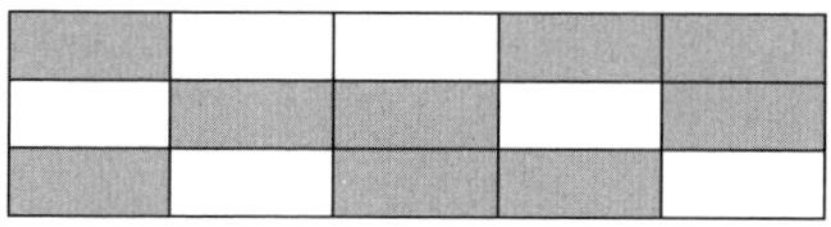

Aufgabe 2 9 P.

Wanderung

Zwei Wandergruppen aus Berlin und Potsdam sind in einer Jugendherberge untergebracht. Beide Gruppen wollen zur Badestelle laufen.

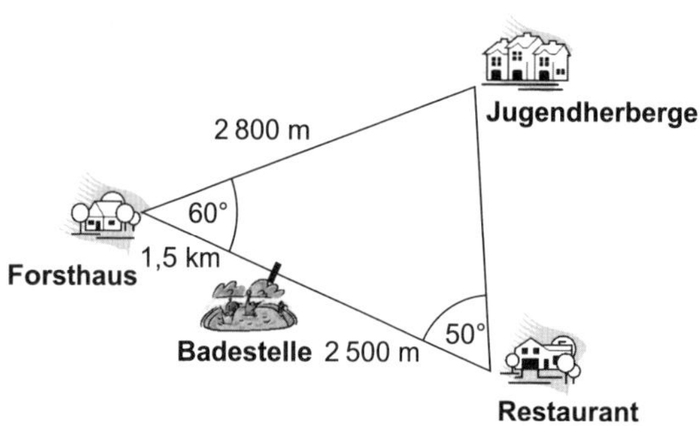

(Skizze nicht maßstabsgerecht)

a) Die Potsdamer Gruppe entscheidet sich für den Weg zur Badestelle, der am **Forsthaus** vorbeiführt. 2 P.
Ermitteln Sie die Länge des Weges in km.

*b) Die Berliner Gruppe wandert zuerst zum Restaurant und danach zur Badestelle. 4 P.
Berechnen Sie die Gesamtlänge dieses Weges.

*c) Die Berliner Gruppe ist mit einer durchschnittlichen Geschwindigkeit von $5\,\frac{\text{km}}{\text{h}}$ unterwegs. Um 11:30 Uhr ist die Gruppe am Restaurant, macht dort 45 Minuten Pause und wandert dann weiter zur Badestelle. 3 P.
Berechnen Sie, zu welcher Uhrzeit die Berliner Gruppe an der Badestelle ankommt.

Aufgabe 3

7 P.

Sparbuch

Ab seinem 11. Geburtstag zahlt Tom immer an seinem Geburtstag 200,00 € auf sein Sparbuch ein.

An seinem 15. Geburtstag fertigt Tom folgende Tabelle an:

Geburtstag	11.	12.	13.	14.	15.
Zinsen	———	4,00 €	8,08 €	12,24 €	
Einzahlung	200,00 €	200,00 €	200,00 €	200,00 €	200,00 €
Guthaben	200,00 €	404,00 €	612,08 €		1 040,81 €

a) Der Zinssatz für Toms Guthaben beträgt 2 % pro Jahr. Weisen Sie für das erste Jahr nach, dass das richtig ist. 1 P.

b) Vervollständigen Sie die Tabelle. 2 P.

c) Tom entschließt sich bei einer anderen Bank 1 000 € für 5 Jahre anzulegen. Der Zinssatz beträgt 3 % pro Jahr. 2 P.
Berechnen Sie, welches Guthaben sich nach 5 Jahren auf Toms Konto befinden wird.

*d) Bei einer anderen Bank erhält man einen Zinssatz von nur 0,25 % jährlich. 2 P.
Erklären Sie, wodurch es der Bank trotzdem gelingt, die Guthabenentwicklung in der Grafik günstig aussehen zu lassen.

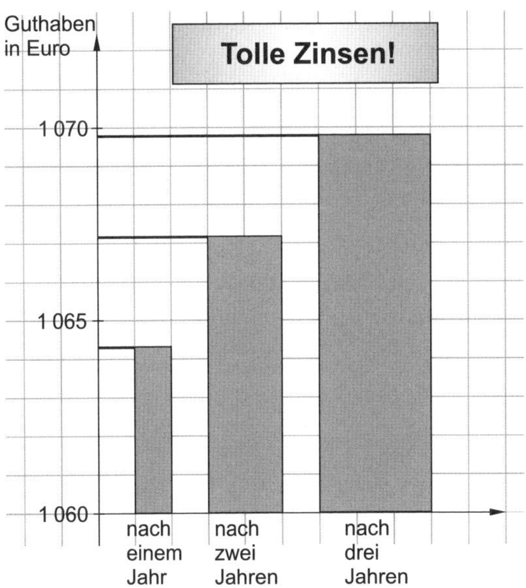

Aufgabe 4 11 P.

Kraftstoffpreise

In der Tabelle stehen die Preise an einer Tankstelle für die beiden Kraftstoffe E 10 und Diesel. Die Preise sind in Cent pro Liter angegeben. Die Tabelle zeigt den Zeitraum vom 03. 07. bis zum 04. 09. 2012:

	03. 07.	10. 07.	17. 07.	24. 07.	31. 07.	07. 08.	14. 08.	21. 08.	28. 08.	04. 09.
E 10	154,2	157,4	158,8	159,7	159,1	161,0	164,8	169,2	168,1	167,0
Diesel	139,6	142,5	144,2	145,4	146,2	147,1	150,7	154,0	153,1	152,0

a) Geben Sie das Minimum und das Maximum des Preises für **E 10** in diesem Zeitraum an. 2 P.

b) Berechnen Sie die Spannweite des Preises für **Diesel** in diesem Zeitraum. 2 P.

Herr Meier ist Taxifahrer. Sein Taxi verbraucht rund neun Liter Diesel auf 100 Kilometer.

c) Im Jahr 2011 betrug der durchschnittliche Preis für einen Liter Diesel 145,5 Cent. Herr Meier fuhr im Jahr 2011 insgesamt 100 000 km. Berechnen Sie die Kraftstoffkosten von Herrn Meier für das Jahr 2011. 1 P.

d) Im Herbst 2012 stöhnt Herr Meier: „Wenn ich genauso viel fahre wie im vergangenen Jahr und der durchschnittliche Preis in diesem Jahr 152,0 Cent beträgt, dann habe ich in diesem Jahr 585 € mehr Kraftstoffkosten als im letzten Jahr." 2 P.
Weisen Sie nach, dass Herr Meier recht hat.

e) Herr Meier behauptet: „Der Preis für einen Taxikilometer müsste um ca. 6 Cent erhöht werden, um diesen Anstieg auszugleichen." 4 P.

Er hat gerechnet: $585\ € = 585\,000\ \text{ct}$
$585\,000\ \text{ct} : 100\,000 = 5{,}85\ \text{ct}$

Erklären Sie, was Herr Meier in seiner Rechnung falsch gemacht hat. Korrigieren Sie seine Rechnung und seine Behauptung.

Aufgabe 5

11 P.

Vitrine

Bäckermeister Neumann beauftragt einen Handwerksbetrieb mit dem Bau einer Kühlvitrine für sein neues Café.

Die Vitrine soll die Form eines Prismas haben. Als Grundfläche ist ein **gleichschenkliges** Trapez mit einem Flächeninhalt von 5 225 cm^2 vorgesehen.

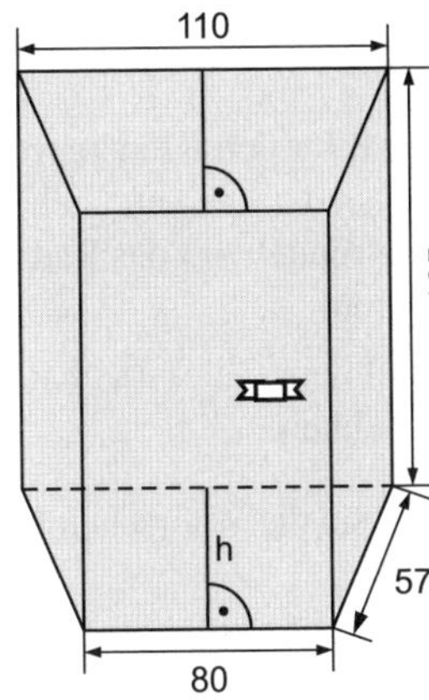

(Maße in cm; Abbildung nicht maßstabsgerecht)

a) Berechnen Sie das Volumen der Vitrine. 2 P.

b) Vervollständigen Sie die Skizze des Netzes der Vitrine. 4 P.
Ergänzen Sie die fehlenden Maße.

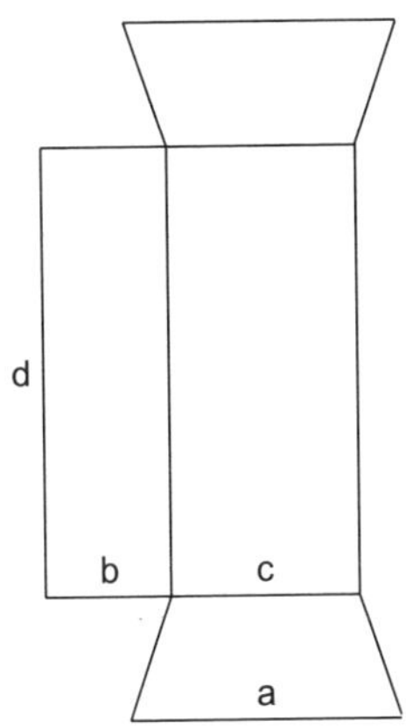

a = __________

b = __________

c = 80 cm

d = __________

*c) Weisen Sie nach, dass die Tiefe h der Vitrine für Kuchenplatten mit einem Durchmesser von 50 cm ausreicht. 3 P.

d) Die Rückwand der Vitrine soll aus einer rechteckigen Platte ausgesägt werden. Es steht eine 1,8 m^2 große Platte zur Verfügung. Sie ist 1,20 m breit. 2 P.

Kann die Platte verwendet werden?
Entscheiden Sie mithilfe einer Rechnung.

Aufgabe 6 6 P.

Glücksrad

Pauls Vater hat für den Kindergeburtstag im Garten ein Glücksrad aufgebaut (siehe Abbildung). Für eine Spielrunde wird das Rad zweimal nacheinander gedreht.

Jedes Feld auf dem Glücksrad hat die gleiche Wahrscheinlichkeit.

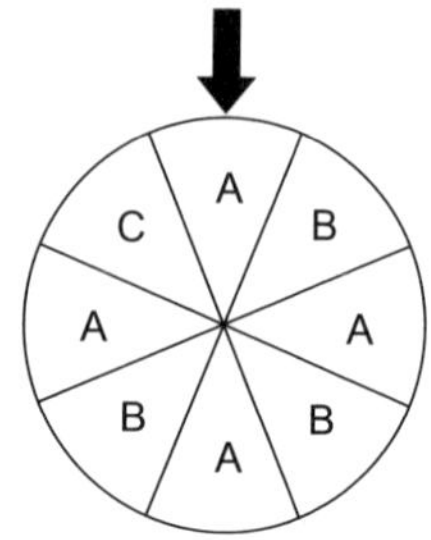

a) Ermitteln Sie die Wahrscheinlichkeit dafür, dass der Pfeil auf ein „B“ zeigt. 2 P.
Notieren Sie das Ergebnis als Bruch **und** in Prozent.

---

b) Ergänzen Sie in dem gegebenen Baumdiagramm die passenden Wahrscheinlichkeiten. 2 P.

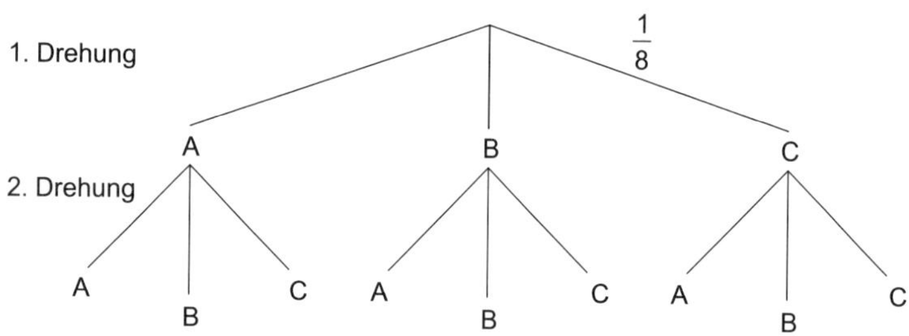

*c) Berechnen Sie die Wahrscheinlichkeit dafür, dass der Pfeil zweimal nacheinander auf gleiche Buchstaben zeigt. 2 P.

Aufgabe 7 6 P.
Funktionen

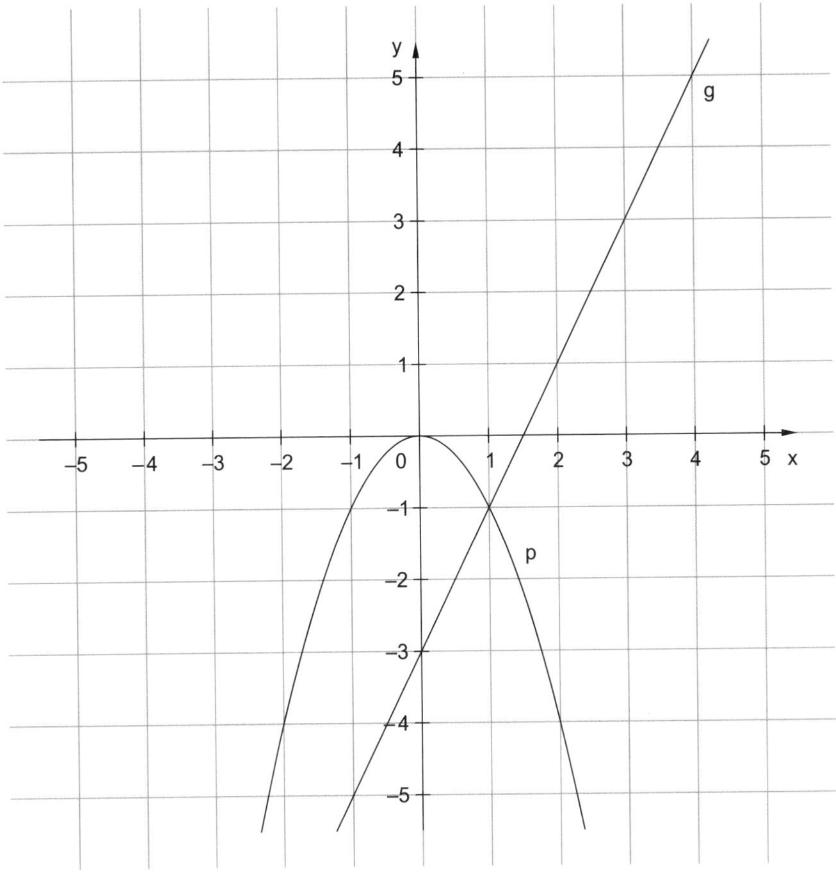

* a) Zur Parabel p gehört die Funktionsgleichung $p(x) = -x^2$. 4 P.
Zur Geraden g gehört die Funktionsgleichung $g(x) = 2x - 3$.
Überprüfen Sie rechnerisch, ob der Punkt $S(-3\,|\,-9)$ ein Schnittpunkt der Parabel p mit der Geraden g ist.

* b) Abgebildet sind eine Parabel p und eine Gerade g. 2 P.
Eine weitere Gerade f soll so verlaufen, dass sie mit der Parabel p keine gemeinsamen Punkte hat.
Geben Sie eine mögliche Funktionsgleichung für f an.

Lösung

Aufgabe 1

a) Lösung mit dem Dreisatz:

$$\begin{array}{rrcll} :100 & 100\,\% & \hat{=} & 50\,€ & :100 \\ & 1\,\% & \hat{=} & 0{,}50\,€ & \\ \cdot 13 & 13\,\% & \hat{=} & \mathbf{6{,}50\,€} & \cdot 13 \end{array}$$

oder

Lösung über proportionale Zuordnung:

$$\frac{50}{100} = \frac{x}{13} \qquad |\cdot 13$$

$$x = \frac{50 \cdot 13}{100}$$

$$x = 6{,}50$$

Antwort: **6,50 €**

b) Anzahl der Gewinnlose: 20
Anzahl aller Lose: $80 + 20 = 100$

Gewinnwahrscheinlichkeit P:

$$P(\text{Gewinn}) = \frac{\text{Anzahl der Gewinnlose}}{\text{Anzahl aller Lose}} = \frac{20}{100} = \frac{1}{5} = \mathbf{20\,\%}$$

c) Umwandlung in Brüche mit gleichem Nenner:

$\frac{1}{2} = \frac{5}{10}$ und $\frac{4}{5} = \frac{8}{10}$

Lösungen sind z. B.: $\mathbf{\frac{6}{10}}$; $\mathbf{\frac{65}{100}}$; …

oder

Umwandlung in Dezimalzahlen:

$\frac{1}{2} = 0{,}5$ und $\frac{4}{5} = 0{,}8$

Lösungen sind z. B.: **0,51; 0,6; …**

d) Menge der günstigen Ergebnisse: $E = \{2, 3, 4, 5\}$
Menge der möglichen Ergebnisse: $\{1, 2, 3, 4, 5, 6\}$

Anzahl der günstigen Ergebnisse: 4
Anzahl der möglichen Ergebnisse: 6

Wahrscheinlichkeit, weder eine 1 noch eine 6 zu würfeln:

$$P(E) = \frac{\text{Anzahl der günstigen Ergebnisse}}{\text{Anzahl aller möglichen Ergebnisse}} = \frac{4}{6} = \frac{2}{3} \approx 0{,}67 = \mathbf{67\ \%}$$

e) Gegeben: $K = 10\,000$ €; $Z = 230$ €
Gesucht: p %

Lösung mit dem Dreisatz:

$$\begin{aligned} 10\,000\text{ €} &\mathrel{\hat=} 100\ \% \\ :10\,000 \quad 1\text{ €} &\mathrel{\hat=} \frac{100}{10\,000}\ \% \quad :10\,000 \\ \cdot 230 \quad 230\text{ €} &\mathrel{\hat=} \frac{100 \cdot 230}{10\,000}\ \% \quad \cdot 230 \\ &= \mathbf{2{,}3\ \%} \end{aligned}$$

oder

Lösung über proportionale Zuordnung:

$$\frac{K}{100} = \frac{Z}{p}$$

$$\frac{10\,000}{100} = \frac{230}{p} \qquad |\cdot p \quad |\cdot 100$$

$$10\,000 \cdot p = 230 \cdot 100 \qquad |:10\,000$$

$$p = \frac{230 \cdot 100}{10\,000}$$

$$p = 2{,}3$$

Antwort: **2,3 %**

f) Scheitelwinkel liegen sich an kreuzenden Geraden gegenüber und sind gleich groß.
Damit gilt:

$$\alpha = \beta + \gamma$$

$$50° = \beta + 30° \qquad |-30°$$

$$\beta = \mathbf{20°}$$

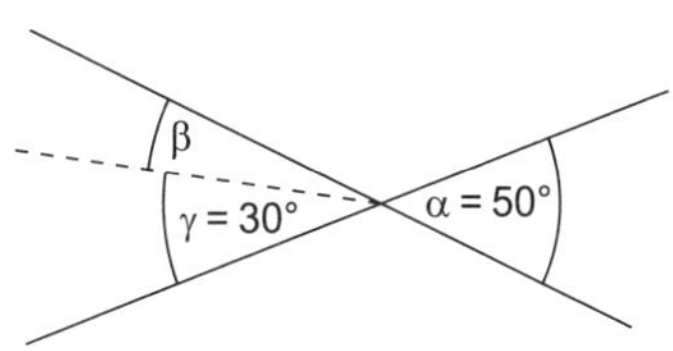

g) Eine Einheit hat die Länge a. Es muss gezählt werden, wie oft a auftritt.

$n = a + a + a + a + a + a + a + a$

$\quad + a + a + a + a + a + a + a + a$

$n = \mathbf{16 \cdot a}$

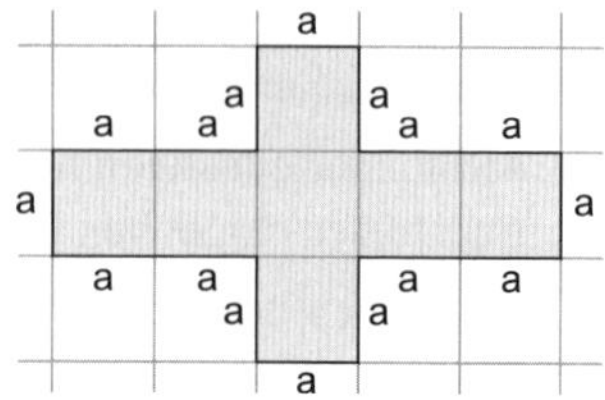

h) Die Zahlen lassen sich besser miteinander vergleichen, wenn alle als Dezimalzahlen vorliegen. Daher wird zunächst der Bruch umgewandelt und die Wurzel gezogen:

$-\frac{1}{2} = -0{,}5 \quad 1{,}4 \quad -0{,}512 \quad \sqrt{2} \approx 1{,}41$

Lösung:

$-0{,}512 < -\frac{1}{2} < 1{,}4 < \sqrt{2}$

i) Anzahl der grau gefärbten Flächen: 9
Anzahl aller Flächen: 15

Berechnung als Anteil:
Anteil als Bruch:

$\mathbf{\frac{9}{15}}$

Anteil als Prozentsatz:

$\frac{9}{15} = \frac{90}{150} = \frac{30}{50} = \frac{60}{100} = 0{,}6 = \mathbf{60\ \%}$

oder

Lösung mit dem Dreisatz:

$$:15 \left(\begin{array}{rcl} 15 \text{ Flächen} & \triangleq & 100\ \% \\ 1 \text{ Fläche} & \triangleq & \frac{100}{15}\ \% \end{array} \right) :15$$

$$\cdot 9 \left(\begin{array}{rcl} 1 \text{ Fläche} & \triangleq & \frac{100}{15}\ \% \\ 9 \text{ Flächen} & \triangleq & \frac{100 \cdot 9}{15}\ \% \end{array} \right) \cdot 9$$

$$= \mathbf{60\ \%}$$

$$= \mathbf{\frac{60}{100}}$$

oder

Lösung über proportionale Zuordnung:

$$\frac{15}{100} = \frac{9}{x} \qquad |\cdot x \quad |\cdot 100$$

$$15 \cdot x = 9 \cdot 100 \qquad |:15$$

$$x = \frac{9 \cdot 100}{15}$$

$$x = 60$$

Antwort: **60 %** $= \mathbf{\frac{60}{100}}$

Aufgabe 2

Hinweis:
Die Werte in diesem Dreieck sind nicht stimmig. Ein Dreieck mit den angegebenen Winkeln und Seitenlängen gibt es nicht. Das bemerkst du sofort, wenn du versuchst, das Dreieck zu konstruieren:

- Läge der Kongruenzfall Seite-Winkel-Seite (SWS) vor, dann würde der Winkel nicht 50°, sondern 43° betragen.

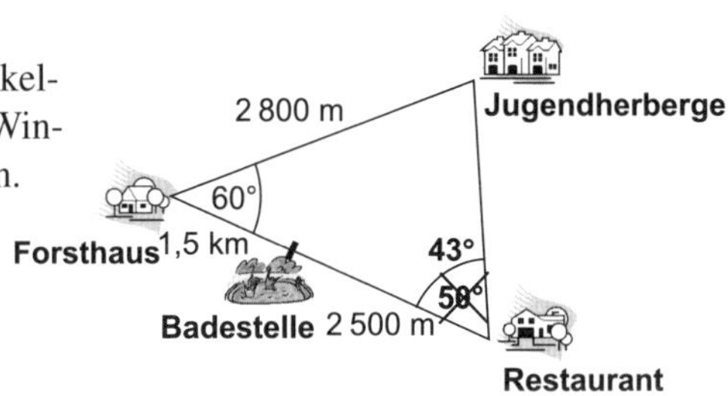

- Läge der Kongruenzfall Winkel-Seite-Winkel (WSW) vor, dann würde die Länge der Seite nicht 2 800 m, sondern 3 260,83 m betragen.

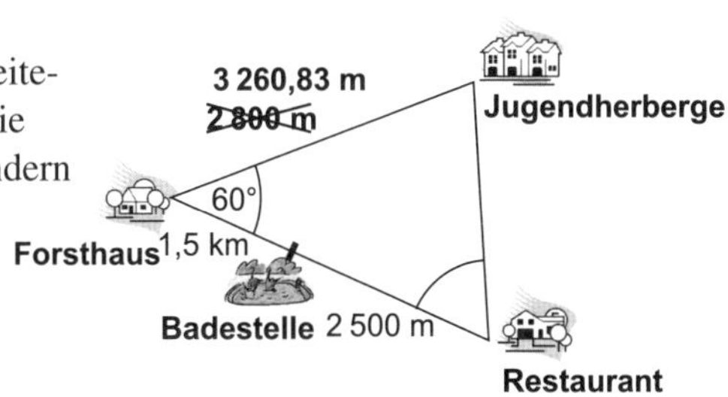

Da der Fehler in den Aufgabenstellungen nicht weiter auffällt, hat die Senatsverwaltung für Bildung, Jugend und Wissenschaft entschieden, die Aufgabe und die Lösungen zu werten. Aus diesem Grund zeigen wir hier Berechnungen in einem „unmöglichen“ Dreieck.

a) Länge des Weges Jugendherberge – Forsthaus: 2 800 m = 2,8 km
Länge des Weges Forsthaus – Badestelle: 1,5 km

Gesamtlänge des Weges:
$2{,}8 + 1{,}5 = \mathbf{4{,}3}$

Die Länge des Weges von der Jugendherberge bis zur Badestelle beträgt 4,3 km.

b) Berechnung der Länge der Strecke a mithilfe des Sinussatzes:
Gegeben: $\alpha = 60°$; $\beta = 50°$; $b = 2\,800$ m
Gesucht: a

$$\frac{a}{\sin\alpha} = \frac{b}{\sin\beta}$$

$$\frac{a}{\sin 60°} = \frac{2\,800}{\sin 50°} \quad \Big| \cdot \sin 60°$$

$$a = \frac{2\,800 \cdot \sin 60°}{\sin 50°}$$

$$a \approx 3\,165{,}44$$

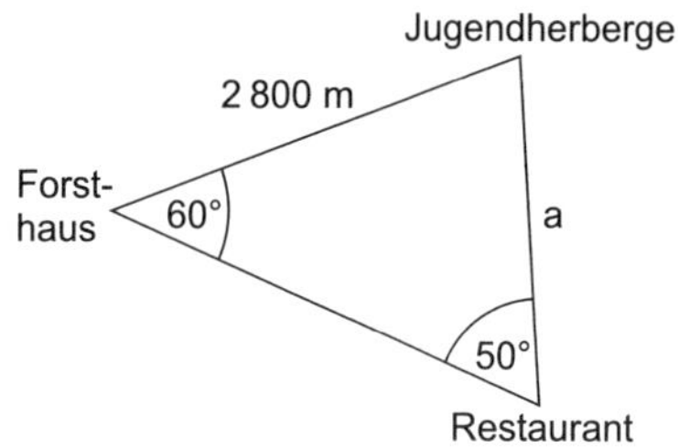

Berechnung der Gesamtlänge des Weges:
Länge des Weges Jugendherberge – Restaurant: 3 165,44 m
Länge des Weges Restaurant – Badestelle: 2 500,00 m

Gesamtlänge des Weges:
$3\,165{,}44 + 2\,500{,}00 = \mathbf{5\,665{,}44}$

oder

Berechnung der Länge der Strecke a mithilfe der Dreieckshöhe h:
Das vorhandene Dreieck wird durch Einzeichnen der Höhe h in zwei rechtwinklige Teildreiecke zerlegt.
Berechnung der Höhe h im (linken) rechtwinkligen Dreieck:

$$\sin 60° = \frac{\text{Gegenkathete}}{\text{Hypotenuse}}$$

$$\sin 60° = \frac{h}{2\,800} \quad \Big| \cdot 2\,800$$

$$h = 2\,800 \cdot \sin 60°$$

$$h \approx 2\,424{,}87$$

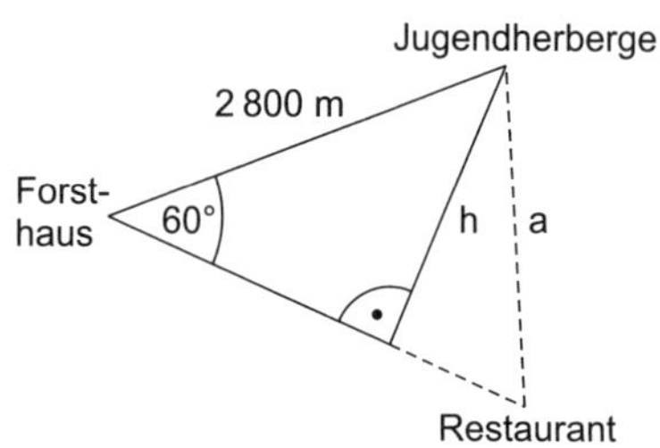

Berechnung der Länge der Strecke a im (rechten) rechtwinkligen Dreieck:

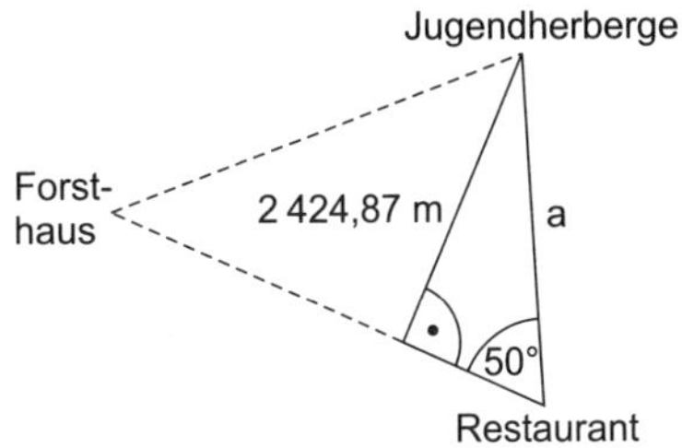

$$\sin 50° = \frac{\text{Gegenkathete}}{\text{Hypotenuse}}$$

$$\sin 50° = \frac{2\,424{,}87}{a} \qquad |\cdot a$$

$$a \cdot \sin 50° = 2\,424{,}87 \qquad |:\sin 50°$$

$$a = \frac{2\,424{,}87}{\sin 50°}$$

$$a \approx 3\,165{,}44$$

Länge des Weges Jugendherberge – Restaurant: 3 165,44 m
Länge des Weges Restaurant – Badestelle: 2 500,00 m

Gesamtlänge des Weges:
$3\,165{,}44 + 2\,500{,}00 = \mathbf{5\,665{,}44}$

Die Gesamtlänge für die Berliner Gruppe beträgt etwa 5 665,44 m.

c) Gegeben: Strecke s = 2 500 m = 2,5 km
Geschwindigkeit $v = 5\,\frac{\text{km}}{\text{h}} = \frac{5\,000\text{ m}}{60\text{ min}}$

Gesucht: Ankunftszeit

Berechnung der Wanderzeit der Gruppe:
Lösung mit dem Dreisatz:

$5\,\frac{\text{km}}{\text{h}}$ bedeutet: Für 5 km braucht die Gruppe 1 h = 60 min. Für die Strecke von 2,5 km braucht die Gruppe somit:

$$:2 \left(\begin{array}{l} 5\text{ km} \triangleq 60\text{ min} \\ 2{,}5\text{ km} \triangleq \mathbf{30\text{ min}} \end{array} \right) :2$$

oder

Lösung über proportionale Zuordnung:

$$\frac{5\,000}{60} = \frac{2\,500}{x} \qquad |\cdot x \quad |\cdot 60$$

$$5\,000 \cdot x = 2\,500 \cdot 60 \qquad |:5\,000$$

$$x = \frac{2\,500 \cdot 60}{5\,000}$$

$$x = \mathbf{30}$$

Für die Strecke braucht die Gruppe 30 min.

Berechnung der Ankunftszeit:

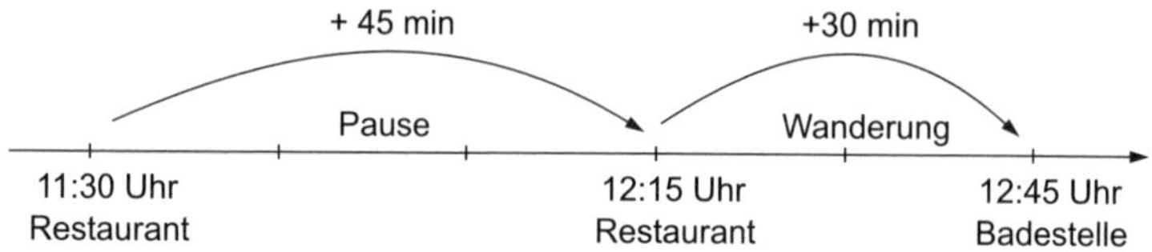

Die Gruppe kommt um **12:45 Uhr** an der Badestelle an.

Aufgabe 3

a) • *1. Möglichkeit:* Nachweis: 2 % von 200 € sind 4 €.

Lösung mit dem Dreisatz:

$$\begin{array}{lrcll} :100 & 100\,\% & \hat{=} & 200\,€ & :100 \\ & 1\,\% & \hat{=} & 2\,€ & \\ \cdot 2 & 2\,\% & \hat{=} & \mathbf{4\,€} & \cdot 2 \end{array}$$

oder

Lösung über proportionale Zuordnung:

$$\frac{200}{100} = \frac{x}{2} \qquad |\cdot 2$$

$$x = \frac{200 \cdot 2}{100}$$

$$x = \mathbf{4}$$

2 % von 200 € sind 4 €. Somit stimmt Toms Tabelle für das erste Jahr.

• *2. Möglichkeit:* Nachweis: 4 € von 200 € sind 2 %.

Lösung mit dem Dreisatz:

$$\begin{array}{lrcll} :200 & 200\,€ & \hat{=} & 100\,\% & :200 \\ & 1\,€ & \hat{=} & 0{,}5\,\% & \\ \cdot 4 & 4\,€ & \hat{=} & \mathbf{2\,\%} & \cdot 4 \end{array}$$

oder

Lösung über proportionale Zuordnung:

$$\frac{200}{100} = \frac{4}{x} \qquad |\cdot x \quad |\cdot 100$$

$$200 \cdot x = 4 \cdot 100 \qquad |:200$$

$$x = \frac{4 \cdot 100}{200}$$

$$x = \mathbf{2}$$

4 € von 200 € sind 2 %. Somit stimmt Toms Tabelle für das erste Jahr.

b) **1. Lücke:**

Guthaben:	612,08 €
Zinsen:	+ 12,24 €
Einzahlung:	+ 200,00 €
	824,32 €

2. Lücke:

Berechnung als Differenz:

Guthaben 15. Geburtstag:	1 040,81 €
Einzahlung:	– 200,00 €
Guthaben 14. Geburtstag:	– 824,32 €
	16,49 €

oder

Lösung mit dem Dreisatz:

$$
\begin{aligned}
:100 \quad 100\,\% &\mathrel{\hat{=}} 824{,}32\ € \quad :100\\
\cdot 2 \quad 1\,\% &\mathrel{\hat{=}} 8{,}2432\ € \quad \cdot 2\\
2\,\% &\mathrel{\hat{=}} 16{,}4864\ €\\
&\approx \mathbf{16{,}49\ €}
\end{aligned}
$$

oder

Lösung über proportionale Zuordnung:

$$\frac{824{,}32}{100} = \frac{x}{2} \qquad |\cdot 2$$

$$x = \frac{824{,}32 \cdot 2}{100}$$

$$x \approx \mathbf{16{,}49}$$

Ausgefüllte Tabelle:

Geburtstag	11.	12.	13.	14.	15.
Zinsen	———	4,00 €	8,08 €	12,24 €	**16,49 €**
Einzahlung	200,00 €	200,00 €	200,00 €	200,00 €	200,00 €
Guthaben	200,00 €	404,00 €	612,08 €	**824,32 €**	1 040,81 €

c) Berechnung der jährlichen Guthaben mithilfe der Prozentrechnung:

	Zinsen	Guthaben
Kontoeröffnung	——	1 000 €
nach 1 Jahr	3 % von 1 000 € sind 30 €	1 000 € + 30 € = 1 030 €
nach 2 Jahren	3 % von 1 030 € sind 30,90 €*	1 030 € + 30,90 € = 1 060,90 €
nach 3 Jahren	3 % von 1 060,90 € sind etwa 31,83 €	1 060,90 € + 31,83 € = 1 092,73 €
nach 4 Jahren	3 % von 1 092,73 € sind etwa 32,78 €	1 092,73 € + 32,78 € = 1 125,51 €
nach 5 Jahren	3 % von 1 125,51 € sind etwa 33,77 €	1 125,51 € + 33,77 € = **1 159,28 €**

*Beispielrechnung: 3 % von 1 030 €

Dreisatz:

$$\begin{array}{ll} & 100\,\% \mathrel{\hat{=}} 1\,030\,€ \\ :100 & \\ & 1\,\% \mathrel{\hat{=}} 10{,}30\,€ \\ \cdot 3 & \\ & 3\,\% \mathrel{\hat{=}} 30{,}90\,€ \end{array}$$

oder

Proportionale Zuordnung:

$$\frac{1\,030}{100} = \frac{x}{3} \quad |\cdot 3$$

$$x = \frac{1\,030 \cdot 3}{100}$$

$$x = 30{,}90$$

oder

Berechnung der jährlichen Guthaben mithilfe des Zinsfaktors:
Der Zinssatz beträgt p % = 3 %. Damit gilt für den Zinsfaktor:

$$q = 1 + \frac{p}{100} = 1 + \frac{3}{100} = 1 + 0{,}3 = 1{,}03$$

Der Zinsfaktor beträgt also 1,03.

Die Werte für das Guthaben während der 5 Jahre werden in folgender Tabelle dargestellt:

Vergangene Jahre	0	1	2	3	4	5
Guthaben in €	1 000,00	1 030,00	1 060,90	1 092,73	1 125,51	**1 159,28**
	· 1,03 →	· 1,03 →	· 1,03 →	· 1,03 →	· 1,03 →	

Nach 5 Jahren befinden sich 1 159,28 € auf Toms Konto.

oder

Es handelt sich um eine Zinseszinsaufgabe. Die Berechnung erfolgt mithilfe der Formel der Zinsrechnung.

Gegeben: Anfangskapital: $K_0 = 1\,000$ €

Zinssatz: $p\,\% = 3\,\%$

Laufzeit: $n = 5$

Gesucht: K_5

Berechnung des Kapitals nach 5 Jahren:

$$K_n = K_0 \cdot \left(1 + \frac{p}{100}\right)^n$$

$$K_5 = 1\,000 \cdot \left(1 + \frac{3}{100}\right)^5$$

$$K_5 = 1\,000 \cdot 1{,}03^5$$

$$K_5 \approx \mathbf{1\,159{,}27}$$

Nach 5 Jahren befinden sich 1 159,27 € auf Toms Konto.

d) Es gibt mehrere Punkte, durch die die Grafik verfälscht wird:

- Die senkrechte Achse beginnt nicht bei 0 €, sondern bei 1 060 €. 1 € Guthaben entspricht auf der senkrechten Achse ungefähr 0,5 cm. Würde die Achse bei 0 € beginnen, müsste sie bis 1 070 € Guthaben ca. 535 cm = 5,35 m lang sein und die Steigerung des Guthabens in 3 Jahren (um ca. 10 €) würde bei diesen Dimensionen kaum auffallen.
- Die Säulen werden immer breiter. Der Flächeninhalt der zweiten Säule wird doppelt so groß dargestellt, wie er eigentlich sein müsste, und der der dritten Säule sogar dreimal so groß. Das vermittelt dem Betrachter ein verfälschtes Bild der Guthabensteigerung.
- Die Grafik lässt den Betrachter vermuten, dass das Anfangskapital 1 060 € beträgt. Für diesen Wert würden sich aber folgende Zahlen ergeben:

  Guthaben nach 1 Jahr: 1 060 € $\cdot$ 1,0025 = 1 062,65 €

  Guthaben nach 2 Jahren: 1 062,65 € $\cdot$ 1,0025 $\approx$ 1 065,31 €

  Guthaben nach 3 Jahren: 1 065,31 € $\cdot$ 1,0025 $\approx$ 1 067,97 €

  Die in der Grafik eingetragenen Werte sind höher. Somit ist das Anfangskapital unbekannt, aber höher als 1 060 €, und die Zunahme dieses Guthabens in 3 Jahren beträgt noch weniger, als die Grafik vermuten lässt.

Aufgabe 4

a) Das Minimum ist der kleinste Wert und das Maximum der größte Wert der Datensammlung.

Minimum des Preises pro Liter für E10: **154,2 ct**

Maximum des Preises pro Liter für E10: **169,2 ct**

b) Die Spannweite ist die Differenz zwischen dem Maximum und dem Minimum der Datensammlung.

Maximum des Preises pro Liter für Diesel: 154,0 ct

Minimum des Preises pro Liter für Diesel: 139,6 ct

Spannweite:
$154{,}0\text{ ct} - 139{,}6\text{ ct} = \mathbf{14{,}4\text{ ct}}$

c) Berechnung des Kraftstoffverbrauchs im Jahr 2011:
Herr Meier fuhr 100 000 km, sein Taxi verbraucht auf 100 km 9 ℓ Diesel.
Lösung mit dem Dreisatz:

$$\begin{array}{lrcll} :100 & 100\text{ km} & \hat{=} & 9\,\ell &):100 \\ & 1\text{ km} & \hat{=} & 0{,}09\,\ell & \\ \cdot 100\,000 & 100\,000\text{ km} & \hat{=} & 9\,000\,\ell &)\cdot 100\,000 \end{array}$$

oder

Lösung über proportionale Zuordnung:

$$\frac{9}{100} = \frac{x}{100\,000} \qquad |\cdot 100\,000$$

$$x = \frac{9 \cdot 100\,000}{100}$$

$$x = 9\,000$$

Herr Meier benötigte 9 000 ℓ Diesel.

Berechnung der Kraftstoffkosten für das Jahr 2011:
1 ℓ Diesel kostete 145,5 ct. Damit kosteten 9 000 ℓ Diesel:
$9\,000 \cdot 145{,}5\text{ ct} = 1\,309\,500\text{ ct} = \mathbf{13\,095\text{ €}}$

Herr Meier zahlte im Jahr 2011 insgesamt 13 095 € für Kraftstoff.

d) Da Herr Meier 2012 genauso viel wie im Vorjahr fährt, braucht er wieder insgesamt 9 000 ℓ Diesel (siehe Aufgabe c).

Berechnung der Kraftstoffkosten für 2012:
1 ℓ Diesel kostet 152,0 ct. Damit kosten 9 000 ℓ Diesel:
$9\,000 \cdot 152{,}0\text{ ct} = 1\,368\,000\text{ ct} = 13\,680\text{ €}$

Berechnung der Differenz der Kraftstoffkosten aus den Jahren 2012 und 2011:

$$\begin{aligned}\text{Kosten}_{2012} - \text{Kosten}_{2011} &= 13\,680\text{ €} - 13\,095\text{ €}\\ &= 585\text{ €}\end{aligned}$$

Herr Meier hat recht.

oder

Berechnung der Mehrkosten für 1 ℓ Kraftstoff:

$$\begin{aligned}\text{Preis}_{2012} - \text{Preis}_{2011} &= 152{,}0\text{ ct} - 145{,}5\text{ ct}\\ &= 6{,}5\text{ ct}\end{aligned}$$

Berechnung der Mehrkosten für die 9 000 ℓ Kraftstoff:
$9\,000 \cdot 6{,}5\text{ ct} = 58\,500\text{ ct} = 585\text{ €}$

Herr Meier hat recht.

e) Herr Meier macht einen Fehler bei der Umrechnung von Cent in Euro.

$$\begin{aligned}1\text{ €} &= 100\text{ ct}\\ 585\text{ €} &= \mathbf{58\,500\text{ ct}}\end{aligned}$$

Er zahlt also 58 500 ct mehr für insgesamt 100 000 Taxikilometer.

Berechnung der Preiserhöhung für einen Taxikilometer:
Lösung mit dem Dreisatz:

$$:100\,000 \left(\begin{aligned}100\,000\text{ km} &\mathrel{\hat{=}} 58\,500\text{ ct}\\ 1\text{ km} &\mathrel{\hat{=}} \mathbf{0{,}585\text{ ct}}\end{aligned} \right) :100\,000$$

oder

Lösung über proportionale Zuordnung:

$$\frac{58\,500}{100\,000} = \frac{x}{1} \qquad |\cdot 1$$

$$x = \frac{58\,500 \cdot 1}{100\,000}$$

$$x = \mathbf{0{,}585}$$

Der Preis für einen Taxikilometer müsste um ca. 1 ct erhöht werden.

Hinweis: 0,585 ct oder 0,6 ct wurden in der Prüfung auch akzeptiert.

Aufgabe 5

a) Prismen sind Körper mit kongruenter Grund- und Deckfläche. Für die Volumenberechnung von Prismen gilt die Formel:
Volumen = Grundfläche des Körpers · Körperhöhe

Die Grundfläche des vorliegenden Prismas ist ein gleichschenkliges Trapez.

Gegeben: $G = 5\,225\ \text{cm}^2$

$h_{\text{Vitrine}} = 165\ \text{cm}$

Gesucht: V

$V = G \cdot h_{\text{Vitrine}}$

$V = 5\,225 \cdot 165$

$V = \mathbf{862\,125}$

Das Volumen der Vitrine beträgt $862\,125\ \text{cm}^3$.

b) Zunächst müssen die Seiten im Netz mit denen im gegebenen Schrägbild des Prismas verglichen werden. Dabei sieht man, dass die Längen a, b und c für die Seitenlängen des Trapezes stehen und die Länge d für die Körperhöhe der Vitrine. Somit gilt:

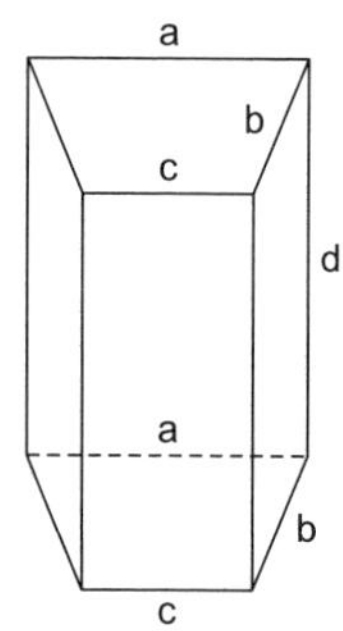

a = **110 cm**
b = **57 cm**
c = 80 cm
d = **165 cm**

Netz der Vitrine:
Im vorgegebenen Netz der Vitrine fehlen eine Seitenwand (b · d) und die Rückwand (a · d).

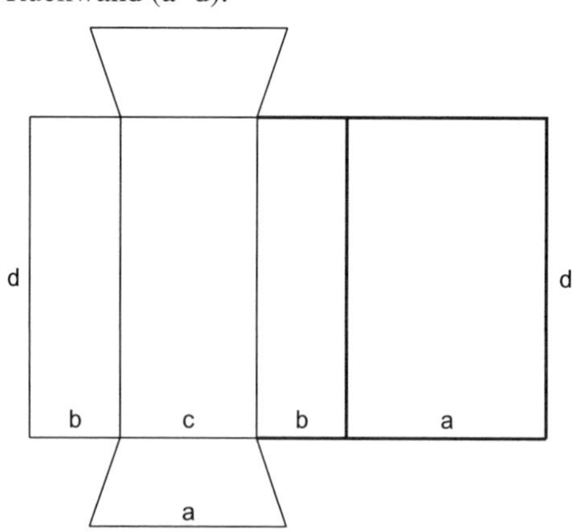

oder

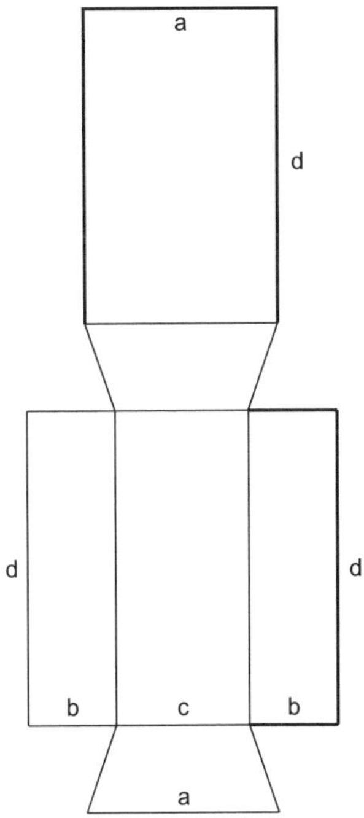

Beachte: Es gibt noch viele weitere Möglichkeiten.

c) Skizze zur Fragestellung:

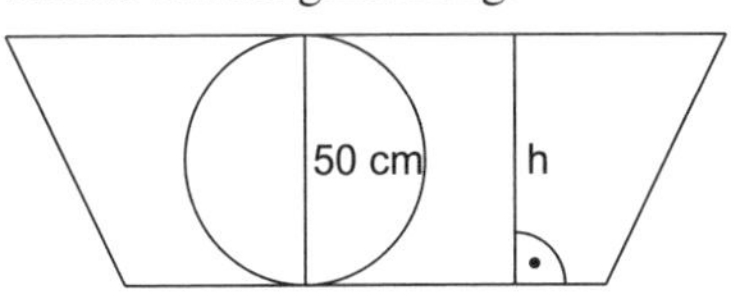

Damit die Tiefe der Vitrine für die Kuchenplatten mit einem Durchmesser von 50 cm ausreicht, muss die Höhe h des Trapezes größer als 50 cm sein.

Berechnung der Höhe h des Trapezes mithilfe des Satzes von Pythagoras:

Zunächst Berechnung der Seitenlänge im rechtwinkligen Dreieck:
Da das Trapez gleichschenklig ist, gilt für die Seitenlängen:
$(110-80):2=30:2=15$

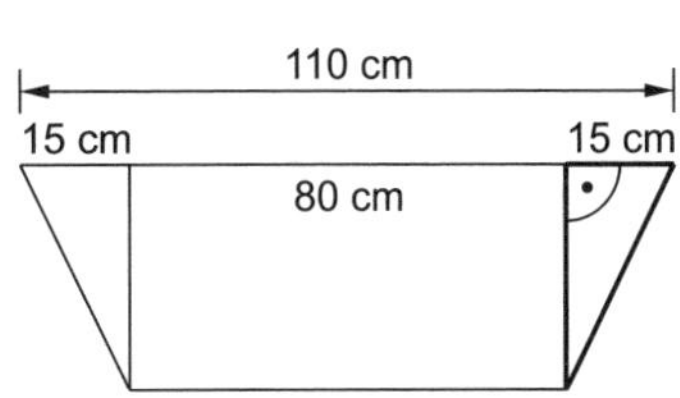

Satz von Pythagoras:

$$h^2 + 15^2 = 57^2 \qquad |-15^2$$
$$h^2 = 57^2 - 15^2$$
$$h^2 = 3\,249 - 225$$
$$h^2 = 3\,024 \qquad |\sqrt{}$$
$$h \approx 55$$

oder

Berechnung der Höhe h des Trapezes mithilfe der Flächeninhaltsformel des Trapezes:
Gegeben: $A = 5\,225\ \text{cm}^2$; $a = 110$ cm; $c = 80$ cm
Gesucht: h

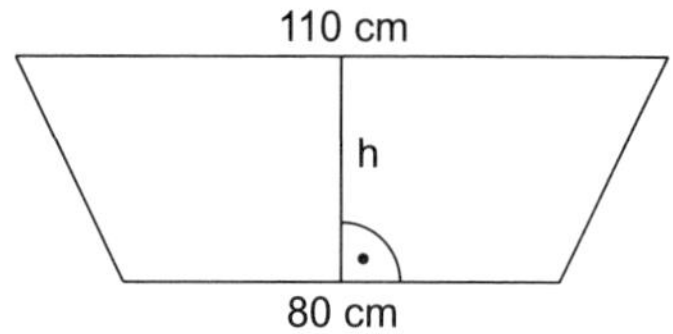

$$A = \frac{1}{2} \cdot (a + c) \cdot h$$
$$5\,225 = \frac{1}{2} \cdot (110 + 80) \cdot h$$
$$5\,225 = \frac{1}{2} \cdot 190 \cdot h$$
$$5\,225 = 95 \cdot h \qquad |:95$$
$$h = 55$$

Die Tiefe der Vitrine beträgt 55 cm und reicht für Kuchenplatten mit einem Durchmesser von 50 cm aus.

d) Benötigte Breite der Platte:
Für die Rückwand wird ein Rechteck mit folgenden Maßen benötigt:
$110\ \text{cm} \times 165\ \text{cm} = 1{,}10\ \text{m} \times 1{,}65\ \text{m}$
Die rechteckige Platte muss also mindestens 1,65 m lang sein.

Länge a der vorhandenen rechteckigen Platte:
Gegeben: $A = 1{,}8\ \text{m}^2$; $b = 1{,}20$ m
Gesucht: a

$$A = a \cdot b$$
$$1{,}8 = a \cdot 1{,}2 \qquad |:1{,}2$$
$$a = 1{,}5$$

Vergleich der Seitenlängen:
$1{,}5\ \text{m} < 1{,}65\ \text{m}$

Die rechteckige Platte kann nicht verwendet werden, da die zweite Seite mit 1,5 m zu kurz ist.

oder

Benötigter Flächeninhalt der Platte:
Da eine Seite der Platte 1,2 m beträgt, müsste die andere Seite mindestens 1,65 m lang sein. Damit gilt für den Flächeninhalt, den die Platte mindestens haben müsste:

$A = a \cdot b$
$A = 1{,}2 \cdot 1{,}65$
$A = 1{,}98$

Die Platte müsste einen Flächeninhalt von mindestens 1,98 m^2 haben. Da sie aber nur eine Fläche von 1,8 m^2 hat, ist sie zu klein.

Aufgabe 6

a) Betrachtet wird das Ereignis E: „Pfeil zeigt auf ein B".

Anzahl der Felder mit dem Buchstaben „B":	3
Anzahl aller Felder des Glücksrades:	8

Wahrscheinlichkeit dafür, dass der Pfeil auf ein „B" zeigt:

$$P(E) = \frac{\text{Anzahl der für E günstigen Ergebnisse}}{\text{Anzahl aller möglichen Ergebnisse}}$$

$$P(E) = \frac{\mathbf{3}}{\mathbf{8}} = 0{,}375 = \mathbf{37{,}5\ \%}$$

b) Einzelwahrscheinlichkeiten bei der 1. Drehung:

Anzahl der Felder mit dem Buchstaben „A":	4
Anzahl aller Felder des Glücksrades:	8

Wahrscheinlichkeit für „A":

$$P(\text{„A“}) = \frac{4}{8}$$

Die Wahrscheinlichkeit für „C" ist im Baumdiagramm gegeben:

$$P(\text{„C“}) = \frac{1}{8}$$

Einzelwahrscheinlichkeiten bei der 2. Drehung:
Da sich die Anzahl der Buchstaben auf den Glücksradfeldern nicht ändert und kein Feld „herausgenommen" wird, sind die Einzelwahrscheinlichkeiten bei der 2. Drehung dieselben wie bei der 1. Drehung.

Baumdiagramm:

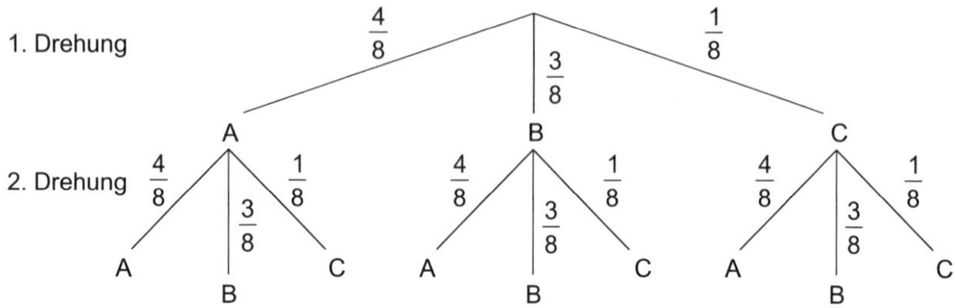

c) Es handelt sich um einen zweistufigen Zufallsversuch. Die Pfade, die zum Ereignis „Pfeil zeigt zweimal nacheinander auf gleiche Buchstaben“ führen, sind im Baumdiagramm fett markiert:

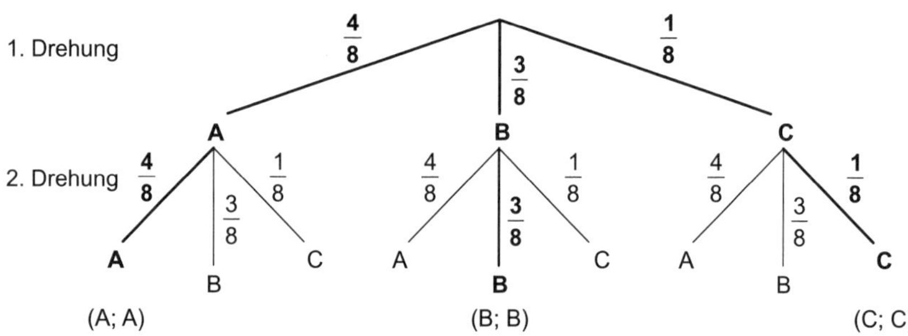

Berechnung der Wahrscheinlichkeit mithilfe der 1. und 2. Pfadregel:

$$\begin{aligned} P(\text{„zwei gleiche Buchstaben“}) &= P(A;A) + P(B;B) + P(C;C) \\ &= \frac{4}{8}\cdot\frac{4}{8}+\frac{3}{8}\cdot\frac{3}{8}+\frac{1}{8}\cdot\frac{1}{8} \\ &= \frac{16}{64}+\frac{9}{64}+\frac{1}{64} \\ &= \frac{26}{64}=\frac{13}{32}=0{,}40625=\mathbf{40{,}625\ \%} \end{aligned}$$

Die Wahrscheinlichkeit dafür, dass der Pfeil beim zweimaligen Drehen des Glücksrades auf zwei gleiche Buchstaben zeigt, beträgt $\frac{13}{32}$ oder ungefähr 41 %.

Aufgabe 7

a) Bei dem Punkt S handelt es sich um einen Schnittpunkt der Parabel p mit der Geraden g, wenn S sowohl auf der Parabel p als auch auf der Geraden g liegt. Um zu testen, ob S auf den Graphen der Funktionen liegt, werden jeweils die Koordinaten von S in die Funktionsgleichung eingesetzt und es muss überprüft werden, ob sich eine wahre oder falsche Aussage ergibt.

1. Überprüfung: Liegt $S(-3\,|\,-9)$ auf der Parabel $p(x) = -x^2$?

$$p(x) = -x^2$$
$$-9 \stackrel{?}{=} -(-3)^2$$
$$-9 = -9 \qquad (w)$$

S liegt auf p.

2. Überprüfung: Liegt $S(-3\,|\,-9)$ auf der Geraden $g(x) = 2x - 3$?

$$g(x) = 2x - 3$$
$$-9 \stackrel{?}{=} 2 \cdot (-3) - 3$$
$$-9 \stackrel{?}{=} -6 - 3$$
$$-9 = -9 \qquad (w)$$

S liegt auf g.

Da der Punkt $S(-3\,|\,-9)$ sowohl auf p als auch auf g liegt, handelt es sich um einen Schnittpunkt der beiden Graphen.

oder

Berechnung der Schnittpunkte von p und g:
Um die Schnittpunkte zu ermitteln, werden die Funktionsgleichungen $p(x) = -x^2$ und $g(x) = 2x - 3$ gleichgesetzt.

Berechnung der x-Koordinaten mithilfe der p-q-Formel:

$$p(x) = g(x)$$
$$-x^2 = 2x - 3 \qquad |+x^2 \quad \text{(Gleichung null setzen)}$$
$$0 = x^2 + 2x - 3 \qquad \text{(Normalform; } p = 2;\ q = -3\text{)}$$

p-q-Formel:

$$x_{1/2} = -\frac{p}{2} \pm \sqrt{\left(\frac{p}{2}\right)^2 - q}$$

Einsetzen in die p-q-Formel:

$$x_{1/2} = -\frac{2}{2} \pm \sqrt{\left(\frac{2}{2}\right)^2 - (-3)}$$

$$x_{1/2} = -1 \pm \sqrt{1+3}$$

$$x_{1/2} = -1 \pm \sqrt{4}$$

$$x_{1/2} = -1 \pm 2$$

$x_1 = -1 + 2 = 1$ (diese Lösung ist unbedeutend für die Aufgabenstellung)

$x_2 = -1 - 2 = -3$

Berechnung der y-Koordinate für $x = -3$:
Zur Berechnung der y-Koordinate wird $x = -3$ in eine der beiden Funktionsgleichungen eingesetzt.

$p(x) = -x^2$ für $x = -3$:

$p(-3) = -(-3)^2$

$p(-3) = -9$

Der Punkt $S(-3\,|-9)$ ist ein Schnittpunkt der Parabel p und der Geraden g.

b) In der verkleinerten Abbildung sind beispielhaft vier Geraden mit ihren Funktionsgleichungen eingezeichnet, die keinen Schnittpunkt mit der Parabel p haben. Es gibt unzählige weitere Lösungen.

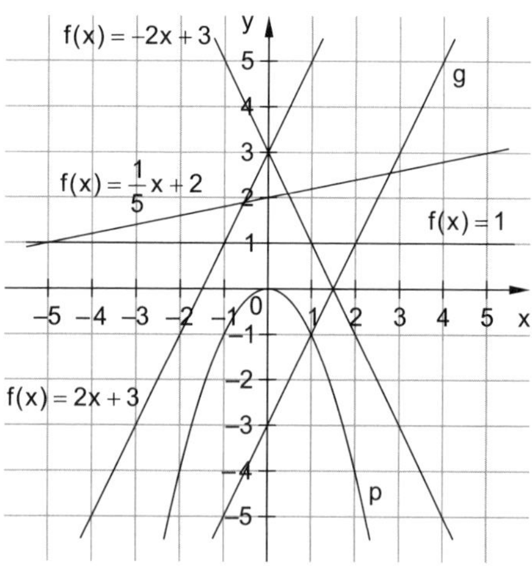

Mittlerer Schulabschluss und erweiterte Berufsbildungsreife Berlin/Brandenburg Mathematik 2015

Punkte

Aufgabe 1 — 10 P.

Basisaufgaben

a) Die Wahrscheinlichkeit, ohne hinzusehen eine weiße Kugel zu ziehen, soll 50 % betragen. — 1 P.

☐ 

☐ 

☐ 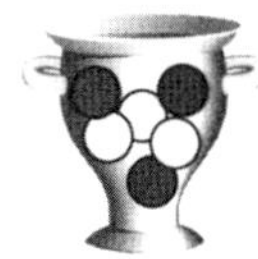

Kreuzen Sie an, aus welchem Topf gezogen werden muss.

b) Geben Sie eine Zahl an, die größer als –150 ist. — 1 P.

____

c) Kreuzen Sie die wahre Aussage an. — 1 P.

☐ $1{,}5 < \frac{3}{2}$ ☐ $\frac{8}{5} > \frac{3}{2}$ ☐ $\sqrt{2} > \frac{3}{2}$

d) Die Geraden g und h sind parallel zueinander. Geben Sie die Größe des Winkels α an. — 1 P.

____

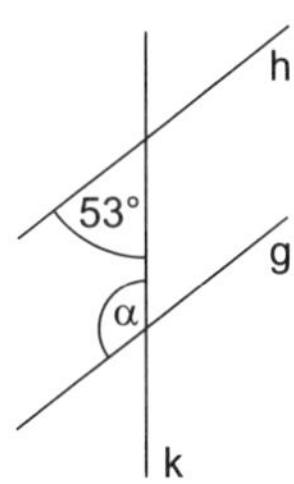

(Skizze nicht maßstabsgerecht)

e) Max hat 400 € auf seinem Konto. Er erhält 2 % Zinsen im Jahr. Geben Sie an, wie viel Euro Zinsen er nach einem Jahr bekommt. — 1 P.

____

f) Geben Sie den Zentralwert (Median) folgender Messdaten an. — 1 P.

5 °C 7 °C 3 °C 8 °C 1 °C 8 °C 5 °C

____

____

g) Kreuzen Sie die wahre Aussage an. 1 P.
Multipliziert man eine positive Zahl mit einer negativen Zahl, so ist das Ergebnis

☐ … immer positiv.

☐ … immer negativ.

☐ Das kann man nicht entscheiden.

h) Eine Wassertonne mit 600 Liter Fassungsvermögen ist zu $\frac{2}{3}$ gefüllt. 1 P.
Geben Sie an, wie viele Liter Wasser nachgefüllt werden müssen, damit die Tonne voll ist (ohne überzulaufen).

____

*i) Die abgebildete Normalparabel soll um zwei Einheiten nach rechts verschoben werden. 1 P.

Geben Sie die Koordinaten des Scheitelpunktes der **verschobenen** Parabel an.

S(____|____)

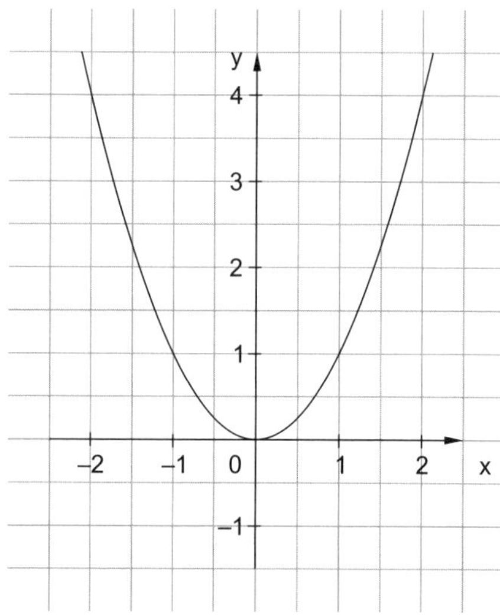

*j) Kreuzen Sie die wahre Aussage an. 1 P.

☐ $\sqrt{(-4)^2} = -4$

☐ $\sqrt{(-4)^2} = +4$

☐ $\sqrt{(-4)^2}$ ist nicht definiert.

Aufgabe 2 5 P.

Fernsehturm

Der Berliner Fernsehturm ist ein beliebtes Ausflugsziel.

Eintrittspreise:

Erwachsene:	12,00 €
Kinder (3 bis 16 Jahre):	7,50 €

Im Winter gibt es ein Sonderangebot:

20 % Rabatt auf den Eintrittspreis

(Hinweis: „Rabatt" bedeutet „Preisnachlass")

a) Familie Krause (Vater, Mutter, der 13-jährige Sohn und der Großvater) besucht im Winter den Fernsehturm und nutzt das Sonderangebot. 3 P.

Entscheiden Sie jeweils, ob der Term für die Berechnung des Rabatts richtig oder falsch ist.

Kreuzen Sie an.

Berechnung des Rabatts	richtig	falsch
$(2 \cdot 12\,€ + 2 \cdot 7{,}50\,€) \cdot \frac{20}{100}$	☐	☐
$\frac{1}{5} \cdot (36\,€ + 7{,}50\,€)$	☐	☐
$\frac{20 \cdot (12\,€ + 12\,€ + 12\,€ + 7{,}50\,€)}{100}$	☐	☐

b) Berechnen Sie, wie viel Euro Familie Krause für den Eintritt bezahlt. 2 P.

Aufgabe 3 6 P.

Sterne

Die Entfernung zwischen Sternen kann in Lichtjahren angegeben werden. Ein Lichtjahr ist die Strecke, die das Licht in einem Jahr zurücklegt.

Es gilt: 1 Lichtjahr = 9 460 000 000 000 km.

a) Geben Sie an, wie viele Kilometer 100 Lichtjahren entsprechen. 1 P.

____

b) Welcher Zahl entspricht $9{,}46 \cdot 10^{12}$? 1 P.
Kreuzen Sie an.

☐ 94 600 000 000 000

☐ 9 460 000 000 000

☐ 946 000 000 000 000

*c) Das Licht legt in einer Sekunde einen Weg von ca. $3 \cdot 10^5$ km zurück. 4 P.
Der Stern Proxima Centauri ist ca. $4{,}03 \cdot 10^{15}$ km von der Sonne entfernt.

- Berechnen Sie die Zeit, die das Licht für den Weg von der Sonne bis zum Stern Proxima Centauri benötigt.
  Geben Sie das Ergebnis in Sekunden an.
- Ermitteln Sie, wie viele Jahre das Licht dann für diesen Weg benötigt.
  (1 Jahr = 365 Tage)

Aufgabe 4 10 P.

Fallschirmspringer

Tom springt mit einem Fallschirm aus einem Flugzeug. In den ersten 20 Sekunden fällt Tom frei, d. h. ohne geöffneten Fallschirm. Dann öffnet er den Fallschirm und sein Gleitflug beginnt.

Der Graph G stellt Toms Flughöhe in Abhängigkeit von der Zeit dar.

a) Geben Sie an, in welcher Höhe Tom das Flugzeug verlassen hat und nach welcher Zeit er auf dem Boden gelandet ist. 2 P.

*b) Kreuzen Sie an, welche der folgenden Parabelgleichungen zum Graphen G in den ersten 20 Sekunden passen könnte. 3 P.

☐ $h(t) = 3t^2 + 2\,400$ ☐ $h(t) = 3t^2 - 2\,400$

☐ $h(t) = -3t^2 + 2\,400$ ☐ $h(t) = -3t^2 - 2\,400$

Begründen Sie Ihre Entscheidung.

____

____

*c) Nach 20 Sekunden öffnet Tom in 1 200 m Höhe den Fallschirm und nach weiteren 100 Sekunden hat er eine Höhe von 700 m erreicht. Er schwebt mit einer konstanten Geschwindigkeit dem Erdboden entgegen. 2 P.

Berechnen Sie diese Geschwindigkeit in $\frac{\text{km}}{\text{h}}$.

*d) Der Graph für den Gleitflug bei geöffnetem Fallschirm liegt auf einer Geraden. 3 P.
Stellen Sie eine Gleichung für diese Gerade auf.

Aufgabe 5 7 P.

Drachenviereck

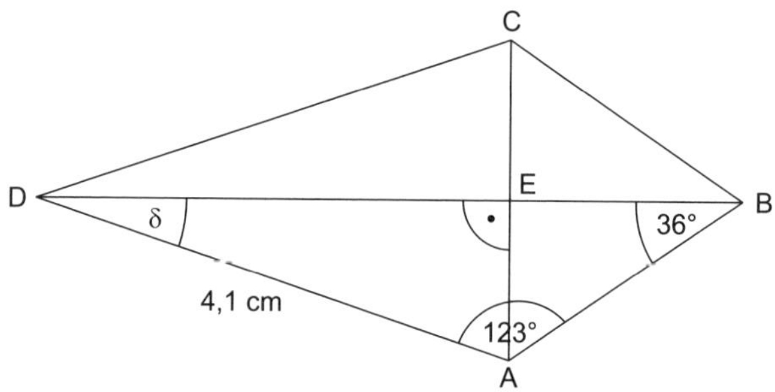

(Skizze nicht maßstabsgerecht)

a) Wie viele verschiedene Dreiecke lassen sich bilden, bei denen drei der Punkte A, B, C, D und E die Eckpunkte sind? 1 P.

Kreuzen Sie an.

☐ 6 ☐ 8 ☐ 10 ☐ 12

b) Geben Sie die Größe des Winkels δ an. 1 P.

____

*c) Berechnen Sie die Länge der Strecke $\overline{BD}$. 2 P.

d) Der Flächeninhalt des Dreiecks AED soll ermittelt werden. 3 P.

- Geben Sie die benötigten Seiten und Winkel an.
- Notieren Sie eine Reihenfolge der Schritte, die zur Berechnung des gesuchten Flächeninhaltes notwendig sind.

Aufgabe 6 11 P.

Karlsruher Pyramide

Das Bild zeigt das Wahrzeichen der Stadt Karlsruhe, eine quadratische Pyramide aus Sandstein.

Tim hat ein Modell der Pyramide im Maßstab 1 : 10 gebaut.

Sein Modell ist 0,68 m hoch. Die Grundkante ist im Modell 0,80 m lang.

a) Geben Sie an, wie hoch die Karlsruher Pyramide tatsächlich ist und welche Länge ihre Grundkante hat. 2 P.

b) Zeichnen Sie die Höhe ein und beschriften Sie die Skizze der Modellpyramide mit den gegebenen Maßen. 2 P.

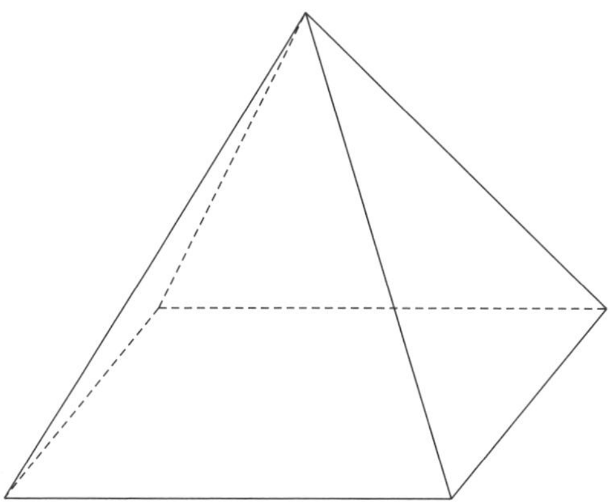

(Skizze nicht maßstabsgerecht)

c) Die Seitenflächen der Modellpyramide baut Tim aus dünnem Sperrholz.
Weisen Sie nach, dass er für eine Seitenfläche ca. 0,32 m^2 Sperrholz braucht. 4 P.

d) Abschließend streicht Tim alle Seitenflächen außen mit farbigem Lack zweimal an. Ein Liter farbiger Lack reicht für das Anstreichen von 10 m^2. 3 P.

Farbigen Lack gibt es im Baumarkt in folgenden Abpackungen:

Dosengröße	S	M	L
Inhalt	375 *ml*	750 *ml*	2,5 *ℓ*
Preis	8,49 €	12,49 €	31,95 €

Tim möchte die Dosengröße **M** kaufen. Paul sagt, die Dosengröße **S** reicht.

- Entscheiden Sie, wer recht hat.
- Begründen Sie Ihre Entscheidung.

Aufgabe 7 11 P.

Fußball

In der Saison 2012/13 hat Hertha BSC in der 2. Bundesliga gespielt.

a) Zu den 17 Heimspielen kamen insgesamt 680 353 Zuschauer. 2 P.

Berechnen Sie, wie viele Zuschauer durchschnittlich ein Heimspiel besucht haben. Runden Sie sinnvoll.

b) Von den insgesamt 34 Spielen hat die Mannschaft 22-mal gewonnen, 10-mal unentschieden gespielt und 2-mal verloren. 1 P.

Geben Sie die relative Häufigkeit an, mit der ein Spiel gewonnen wurde.

c) In allen Spielen der 2. Bundesliga wurden in dieser Saison 83 Elfmeter gegeben. Davon wurden 71 verwandelt. 4 P.

- Berechnen Sie den prozentualen Anteil der nicht verwandelten Elfmeter in dieser Saison.
- Zeichnen Sie diesen Anteil in das vorbereitete Kreisdiagramm ein.
- Geben Sie die Größe des zugehörigen Winkels an.

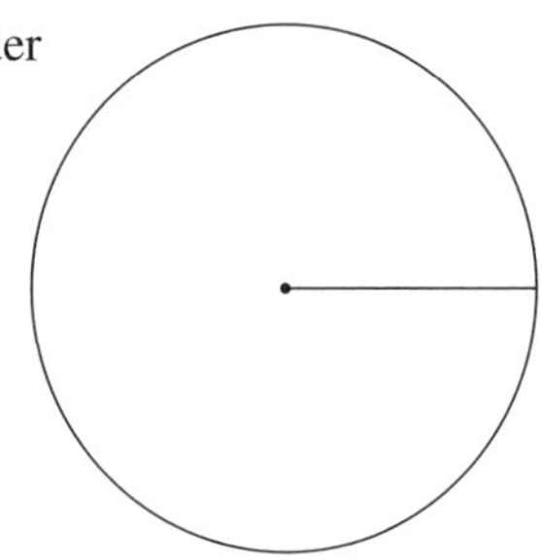

____

Bildnachweis Fußball: © Gemenacom/Dreamstime.com

*d) Beim Training für das Elfmeter-Schießen stehen 11 Spieler zur Verfügung. Jeder darf höchstens einmal schießen. Die Reihenfolge der Schützen wird zufällig ausgewählt. 4 P.

Die Fans von Hertha hoffen darauf, dass Torjäger Ronny unter den ersten drei Schützen ist.

- Vervollständigen Sie dazu das vorgegebene Baumdiagramm und tragen Sie die fehlenden Wahrscheinlichkeiten ein.

  Ronny wird ausgewählt: R
  Ronny wird nicht ausgewählt: nR

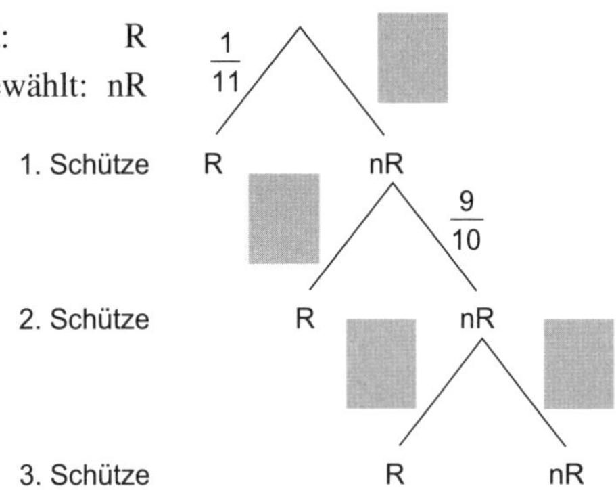

- Berechnen Sie die Wahrscheinlichkeit dafür, dass Ronny unter den ersten drei Schützen ist.

Lösung

Aufgabe 1

a) Lösung über die Farbverteilung:
Damit die Wahrscheinlichkeit 50 % beträgt, müssen die Anzahl der weißen und die Anzahl der schwarzen Kugeln im Topf gleich sein. Da insgesamt 6 Kugeln im Topf sind, müssen es 3 weiße und 3 schwarze Kugeln sein.

oder

Anzahl weißer Kugeln:
Da die Wahrscheinlichkeit für „weiß“ 50 % betragen soll, gilt:

$$P(\text{„weiß“}) = 50\ \% = \frac{1}{2} = \frac{3}{6}$$

Somit müssen 3 von 6 Kugeln weiß sein.

oder

Berechnung der Wahrscheinlichkeiten:
Mithilfe der Formel $P(\text{„weiß“}) = \frac{\text{Anzahl der weißen Kugeln}}{\text{Anzahl aller Kugeln}}$ wird für jeden Topf die Wahrscheinlichkeit für „weiß“ berechnet:

Topf 1:

$P_1 = \frac{4}{6} \approx 66{,}67\ \%$

☐ 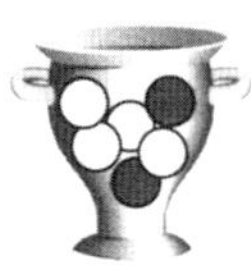

Topf 2:

$P_2 = \frac{2}{6} \approx 33{,}33\ \%$

☐ 

Topf 3:

$P_3 = \frac{3}{6} = 50\ \%$

☒ 

b) Es gibt unendlich viele Lösungen, z. B.: **–149; –148; –147; 0; 1; 2; …**

c) Es gilt: $\frac{3}{2} = 3 : 2 = 1{,}5$

Prüfen der Aussagen:

$1{,}5 < \frac{3}{2}$ ist falsch, weil $1{,}5 = 1{,}5$ gilt.

$\frac{8}{5} > \frac{3}{2}$ ist richtig, weil $\frac{8}{5} = 1{,}6 > 1{,}5$ gilt.

$\sqrt{2} > \frac{3}{2}$ ist falsch, weil $\sqrt{2} = 1{,}414\ldots < 1{,}5$ gilt.

☐ $1{,}5 < \frac{3}{2}$

☒ $\frac{8}{5} > \frac{3}{2}$

☐ $\sqrt{2} > \frac{3}{2}$

d) Wenn zwei parallele Geraden von einer dritten Gerade geschnitten werden, entstehen Stufenwinkel (α), die gleich groß sind. Der Winkel α und sein Nebenwinkel von 53° ergänzen sich zu 180°:

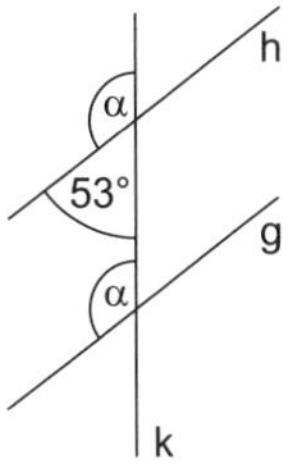

$$\begin{aligned} \alpha + 53^\circ &= 180^\circ \qquad \vert -53^\circ \\ \alpha &= \mathbf{127^\circ} \end{aligned}$$

e) Gegeben: K = 400 €; p % = 2 %
Gesucht: Z

Lösung mit dem Dreisatz:

$$\begin{array}{rrcll} :100 \; (& 100\,\% & \mathrel{\hat{=}} & 400\,\text{€} &) :100 \\ & 1\,\% & \mathrel{\hat{=}} & 4\,\text{€} & \\ \cdot 2 \; (& 2\,\% & \mathrel{\hat{=}} & \mathbf{8\,\text{€}} &) \cdot 2 \end{array}$$

oder

Lösung über proportionale Zuordnung:

$$\frac{K}{100} = \frac{Z}{p}$$

$$\frac{400}{100} = \frac{Z}{2} \qquad \vert \cdot 2$$

$$Z = \frac{400 \cdot 2}{100}$$

$$Z = 8$$

Antwort: **8 €**

f) Da eine ungerade Anzahl von Daten vorliegt (7), ist der Zentralwert (Median) der Wert, der genau in der Mitte aller erfassten Daten liegt, wenn sie der Größe nach geordnet sind. Die gegebenen Daten werden der Größe nach sortiert:

1 °C 3 °C 5 °C **5 °C** 7 °C 8 °C 8 °C

5 °C liegt in der Mitte und ist somit der Zentralwert (Median).

g) Es gilt: *Plus mal minus ergibt minus.*

Multipliziert man eine positive Zahl mit einer negativen Zahl, so ist das Ergebnis

☐ … immer positiv.

☒ … immer negativ.

☐ Das kann man nicht entscheiden.

h) *Hinweis:* 600 ℓ Fassungsvermögen bedeutet, dass die Tonne vollständig gefüllt ist, wenn sie 600 ℓ Wasser enthält.

Die Tonne ist zu $\frac{2}{3}$ gefüllt, somit fehlt noch $\frac{1}{3}$ von den 600 ℓ. Das sind $600\ \ell : 3 = 200\ \ell$.

Es müssen **200 ℓ** Wasser nachgefüllt werden.

oder

Die Tonne ist zu $\frac{2}{3}$ gefüllt. $\frac{2}{3}$ von 600 ℓ sind $2 \cdot (600\ \ell : 3) = 2 \cdot 200\ \ell = 400\ \ell$.

Die Tonne ist mit 400 ℓ gefüllt. Es müssen also $600\ \ell - 400\ \ell =$ **200 ℓ** Wasser nachgefüllt werden.

i) Wie die gesamte Parabel wird auch der Scheitelpunkt (0 | 0) der abgebildeten Normalparabel um zwei Einheiten nach rechts verschoben. Diese Verschiebung nach rechts bedeutet, dass der Wert der x-Koordinate um 2 Einheiten erhöht werden muss.

Neuer Scheitelpunkt:
S(2 | 0)

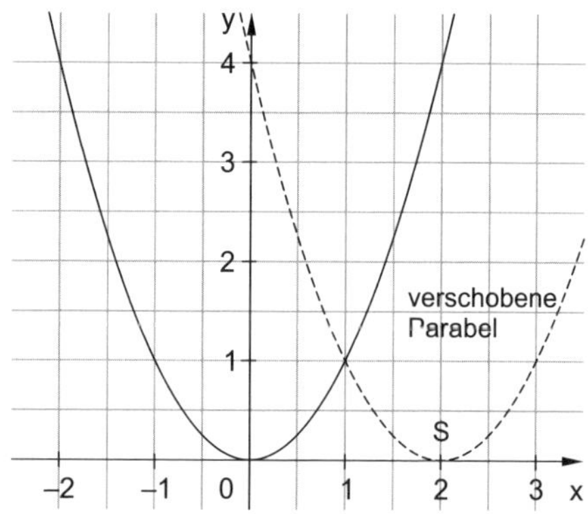

j) Die Quadratwurzel einer Zahl x ist definiert als die **positive Zahl** y, deren Quadrat x ergibt:
$\sqrt{x} = y \Rightarrow y^2 = x$

Das Ergebnis aus $\sqrt{(-4)^2}$ muss also positiv sein.

oder

Das Ergebnis kann berechnet werden: $\sqrt{(-4)^2} = \sqrt{16} = +4$

☐ $\sqrt{(-4)^2} = -4$

☒ $\sqrt{(-4)^2} = +4$

☐ $\sqrt{(-4)^2}$ ist nicht definiert.

Aufgabe 2

a) • Terme für die Berechnung des Eintrittspreises:
Familie Krause besteht aus 3 Erwachsenen und 1 Kind. Für jeden Erwachsenen kostet der Eintritt 12 €, für das Kind 7,50 €.
Ohne Rabatt beträgt der Eintrittspreis somit:

$$\begin{aligned} 12\,€ + 12\,€ + 12\,€ + 7{,}50\,€ &= 3 \cdot 12\,€ + 7{,}50\,€ \\ &= 36\,€ + 7{,}50\,€ \end{aligned}$$

• Terme für die Berechnung des Rabatts auf den Eintrittspreis:
Familie Krause erhält 20 % Rabatt auf den Eintrittspreis.
Der Rabatt beträgt somit:

Lösung mit dem Dreisatz:

$$\begin{aligned} :100 \quad & 100\,\% \mathrel{\hat{=}} 12\,€ + 12\,€ + 12\,€ + 7{,}50\,€ && :100 \\ & 1\,\% \mathrel{\hat{=}} \frac{12\,€ + 12\,€ + 12\,€ + 7{,}50\,€}{100} \\ \cdot 20 \quad & && \cdot 20 \\ & 20\,\% \mathrel{\hat{=}} \frac{20 \cdot (12\,€ + 12\,€ + 12\,€ + 7{,}50\,€)}{100} \end{aligned}$$

oder

Lösung über proportionale Zuordnung:

$$\frac{x}{20} = \frac{12\,€ + 12\,€ + 12\,€ + 7{,}50\,€}{100} \qquad | \cdot 20$$

$$x = \frac{20 \cdot (12\,€ + 12\,€ + 12\,€ + 7{,}50\,€)}{100}$$

Umgeformt ergeben sich damit auch folgende, äquivalente Terme:

$$\begin{aligned} \frac{20 \cdot (12\,€ + 12\,€ + 12\,€ + 7{,}50\,€)}{100} &= (12\,€ + 12\,€ + 12\,€ + 7{,}50\,€) \cdot \frac{20}{100} \\ &= (3 \cdot 12\,€ + 7{,}50\,€) \cdot \frac{20}{100} \\ &= (36\,€ + 7{,}50\,€) \cdot \frac{20}{100} \end{aligned}$$

• Überprüfung der Terme:

1. Term:
Term 1 gibt die Höhe des Rabatts auf den Eintrittspreis für 2 Erwachsene und 2 Kinder an. Somit ist der 1. Term **falsch**.

oder

Es werden der Wert von Term 1 und der Wert von einem der äquivalenten Terme zur Berechnung des Rabatts berechnet und verglichen, ob die berechneten Werte übereinstimmen:

Wert von Term 1:

$$(2 \cdot 12\,€ + 2 \cdot 7{,}50\,€) \cdot \frac{20}{100}$$
$$= 39\,€ \cdot \frac{20}{100}$$
$$= 7{,}80\,€$$

Wert eines der Terme:

$$(3 \cdot 12\,€ + 7{,}50\,€) \cdot \frac{20}{100}$$
$$= 43{,}50\,€ \cdot \frac{20}{100}$$
$$= 8{,}70\,€$$

Da die Werte nicht übereinstimmen, sind die beiden Terme nicht äquivalent. Term 1 ist somit **falsch**.

2. Term:

Wenn man 20 % eines Wertes berechnen möchte, kann man wegen $20\,\% = \frac{20}{100} = \frac{1}{5}$ auch $\frac{1}{5}$ des Wertes bestimmen.

Berechnet man $\frac{1}{5}$ des Eintrittspreises (36 € + 7,50 €), erhält man Term 2. Somit ist der 2. Term **richtig**.

oder

Formt man den aufgestellten Term für den Rabatt um und kürzt, erhält man Term 2, der somit richtig ist:

$$\frac{\overset{1}{\cancel{20}}\,(36\,€ + 7{,}50\,€)}{\underset{5}{\cancel{100}}} = \frac{1}{5} \cdot (36\,€ + 7{,}50\,€)$$

3. Term:

Term 3 entspricht dem Term für die Berechnung des Rabatts auf den Eintrittspreis. Somit ist der 3. Term **richtig**.

Insgesamt ergibt sich:

Berechnung des Rabatts	richtig	falsch
$(2 \cdot 12\,€ + 2 \cdot 7{,}50\,€) \cdot \frac{20}{100}$	☐	☒
$\frac{1}{5} \cdot (36\,€ + 7{,}50\,€)$	☒	☐
$\frac{20 \cdot (12\,€ + 12\,€ + 12\,€ + 7{,}50\,€)}{100}$	☒	☐

b) Berechnung des Eintrittspreises ohne Rabatt:
$3 \cdot 12\,€ + 7{,}50\,€ = 43{,}50\,€$

1. Möglichkeit: Berechnung über den Rabatt
Berechnung der Rabatthöhe (20 %):
Lösung mit dem Dreisatz:

$$\begin{aligned} &:100 \quad & 100\,\% &\triangleq 43{,}50\,€ & &:100 \\ & & 1\,\% &\triangleq \frac{43{,}50\,€}{100} & & \\ &\cdot 20 & & & &\cdot 20 \\ & & 20\,\% &\triangleq \frac{43{,}50\,€ \cdot 20}{100} & & \\ & & &= 8{,}70\,€ & & \end{aligned}$$

oder

Lösung über proportionale Zuordnung:

$$\frac{x}{20} = \frac{43{,}50}{100} \qquad |\cdot 20$$

$$x = \frac{43{,}50 \cdot 20}{100}$$

$$x = 8{,}70$$

Berechnung der Kosten für den Eintritt:
$43{,}50\,€ - 8{,}70\,€ = \mathbf{34{,}80\,€}$

Familie Krause bezahlt 34,80 € für den Eintritt.

oder

2. Möglichkeit: Direkte Berechnung des ermäßigten Eintrittspreises
Da Familie Krause 20 % Rabatt auf den Eintrittspreis (Grundwert) erhält, muss sie nur noch $100\,\% - 20\,\% = 80\,\%$ des regulären Eintrittspreises bezahlen.

Lösung mit dem Dreisatz:

$$\begin{aligned} &:100 \quad & 100\,\% &\triangleq 43{,}50\,€ & &:100 \\ & & 1\,\% &\triangleq \frac{43{,}50\,€}{100} & & \\ &\cdot 80 & & & &\cdot 80 \\ & & 80\,\% &\triangleq \frac{43{,}50\,€ \cdot 80}{100} & & \\ & & &= \mathbf{34{,}80\,€} & & \end{aligned}$$

oder

Lösung über proportionale Zuordnung:

$$\frac{x}{80} = \frac{43,50}{100} \quad |\cdot 80$$

$$x = \frac{43,50 \cdot 80}{100}$$

$$x = \mathbf{34,80}$$

Familie Krause bezahlt 34,80 € für den Eintritt.

Aufgabe 3

Hinweis:
Ein Lichtjahr ist keine Zeitangabe, sondern eine Längeneinheit für große Entfernungen, die meist in der Astronomie verwendet wird.

Umrechnung in km:
1 Lichtjahr = 9 460 000 000 000 km = $9,46 \cdot 10^{12}$ km (Normdarstellung mithilfe einer Zehnerpotenz)

a) Berechnung von 100 Lichtjahren:

$\cdot 100$ (1 Lichtjahr = 9 460 000 000 000 km
100 Lichtjahre = **946 000 000 000 000 km**) $\cdot 100$

oder

1 Lichtjahr = $9,46 \cdot 10^{12}$ km $\Rightarrow$ 100 Lichtjahre = $100 \cdot 1$ Lichtjahr

$= 100 \cdot 9,46 \cdot 10^{12}$ km

$= 9,46 \cdot 10^{12} \cdot 10^{2}$ km

$= 9,46 \cdot 10^{12+2}$ km

$= \mathbf{9,46 \cdot 10^{14}}$ **km**

Antwort: **946 000 000 000 000 km** oder **$9,46 \cdot 10^{14}$ km**

b) Multiplikation mit **10^{12}** bedeutet: Verschiebe das Komma um **12** Stellen nach rechts.

$9,46 \cdot 10^{12} = 9\,\underbrace{460\,000\,000\,000}_{12\text{ Stellen}} = 9\,460\,000\,000\,000$

Lösung:

☐ 94 600 000 000 000

☒ 9 460 000 000 000

☐ 946 000 000 000 000

c) • Berechnung der Zeit, die das Licht für die Entfernung $4{,}03 \cdot 10^{15}$ km braucht:

Lösung mit dem Dreisatz:

$$
\begin{aligned}
:(3\cdot 10^5) \quad & & 3\cdot 10^5 \text{ km} &\mathrel{\hat{=}} 1\text{ s} & & :(3\cdot 10^5)\\
\cdot 4{,}03\cdot 10^{15} \quad & & 1\text{ km} &\mathrel{\hat{=}} \frac{1}{3\cdot 10^5}\text{ s} & & \cdot 4{,}03\cdot 10^{15}\\
& & 4{,}03\cdot 10^{15}\text{ km} &\mathrel{\hat{=}} \frac{4{,}03\cdot 10^{15}}{3\cdot 10^5}\text{ s}\\
& & &\approx \mathbf{1{,}34\cdot 10^{10}\ s}
\end{aligned}
$$

oder

Lösung über proportionale Zuordnung:

$$\frac{x}{4{,}03\cdot 10^{15}} = \frac{1}{3\cdot 10^5} \qquad \Big|\cdot 4{,}03\cdot 10^{15}$$

$$x = \frac{4{,}03\cdot 10^{15}}{3\cdot 10^5}$$

$$x \approx \mathbf{1{,}34\cdot 10^{10}}$$

Das Licht braucht ungefähr $1{,}34 \cdot 10^{10}$ Sekunden für den Weg von der Sonne bis zum Stern Proxima Centauri.

• Umrechnung eines Jahres in Sekunden:

$$
\begin{aligned}
1\text{ Jahr} &= 365\text{ Tage} && \text{(1 Tag hat 24 Stunden)}\\
&= 365\cdot 24\text{ Stunden} && \text{(1 Stunde hat 60 Minuten)}\\
&= 365\cdot 24\cdot 60\text{ Minuten} && \text{(1 Minute hat 60 Sekunden)}\\
&= 365\cdot 24\cdot 60\cdot 60\text{ Sekunden}\\
&= 31\,536\,000\text{ s}
\end{aligned}
$$

Umrechnung der benötigten Zeit von Sekunden in Jahre:

Lösung mit dem Dreisatz:

$$
\begin{aligned}
:31\,536\,000 \quad & & 31\,536\,000\text{ s} &\mathrel{\hat{=}} 1\text{ Jahr} & & :31\,536\,000\\
\cdot 1{,}34\cdot 10^{10} \quad & & 1\text{ s} &\mathrel{\hat{=}} \frac{1}{31\,536\,000}\text{ Jahr} & & \cdot 1{,}34\cdot 10^{10}\\
& & 1{,}34\cdot 10^{10}\text{ s} &\mathrel{\hat{=}} \frac{1{,}34\cdot 10^{10}}{31\,536\,000}\text{ Jahre}\\
& & &\approx 424{,}91\text{ Jahre}
\end{aligned}
$$

oder

Lösung über proportionale Zuordnung:

$$\frac{x}{1{,}34 \cdot 10^{10}} = \frac{1}{31\,536\,000} \qquad \Big| \cdot 1{,}34 \cdot 10^{10}$$

$$x = \frac{1{,}34 \cdot 10^{10}}{31\,536\,000}$$

$$x \approx 424{,}91$$

Das Licht braucht ca. **425 Jahre** für den Weg von der Sonne bis zum Stern Proxima Centauri.

Aufgabe 4

Zeichnung:

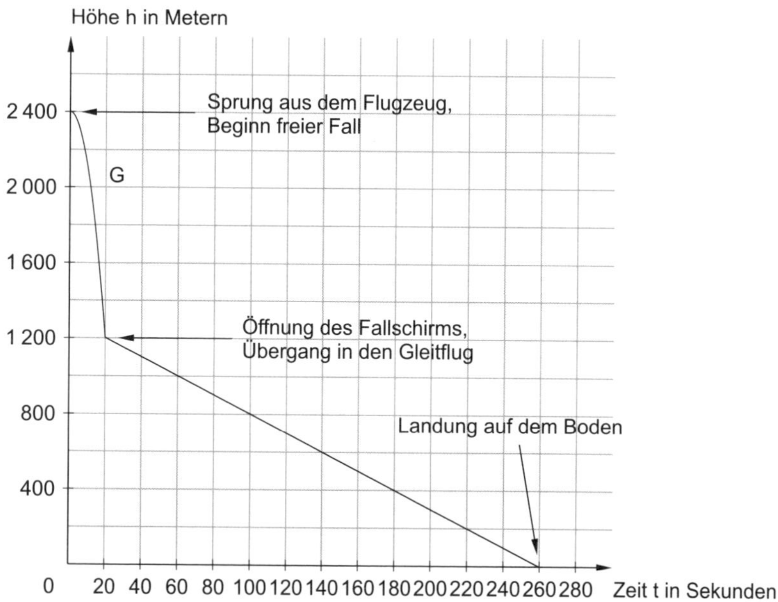

a) Ablesen der Werte aus der Zeichnung:
Tom verlässt in **2 400 m** Höhe das Flugzeug und landet nach **260 Sekunden** auf dem Boden

b) ☐ $h(t) = 3t^2 + 2\,400$ ☐ $h(t) = 3t^2 - 2\,400$

☒ $h(t) = -3t^2 + 2\,400$ ☐ $h(t) = -3t^2 - 2\,400$

Mögliche Begründungen:

- Die Funktionsgleichung der abgebildeten Parabel hat die Form $h(t) = a \cdot t^2 + n$.
  Die abgebildete Parabel ist nach unten geöffnet, d. h., der Streckfaktor a muss negativ sein: $a = -3$
  Der Scheitelpunkt S der abgebildeten Parabel hat die Koordinaten $(0 \mid 2\,400)$, d. h., die mit $a = -3$ gestreckte Parabel wurde um 2 400 Einheiten längs der y-Achse nach oben verschoben. Somit ist $n = 2\,400$.
  Für $a = -3$ und $n = 2\,400$ passt von den angebotenen Funktionsgleichungen nur $h(t) = -3t^2 + 2\,400$.

- Die abgebildete Parabel ist nach unten geöffnet, d. h., der Streckfaktor a vor t^2 muss negativ sein. Damit scheiden die ersten beiden Gleichungen aus.
  Der Graph schneidet die y-Achse bei $(0 \mid 2\,400)$. Setzt man in der Funktionsgleichung $t = 0$ ein, muss man also $y = 2\,400$ erhalten. Da man bei der letzten Gleichung $y = -2\,400$ erhalten würde, scheidet diese aus und von den gegebenen Funktionsgleichungen passt nur $h(t) = -3t^2 + 2\,400$.

- Der Punkt $(20 \mid 1\,200)$ liegt auf der Parabel. Zur Überprüfung der Funktionsgleichungen werden die Koordinaten jeweils eingesetzt und getestet, ob sich eine wahre oder falsche Aussage ergibt.

  1. Gleichung:

  $$1\,200 \stackrel{?}{=} 3 \cdot 20^2 + 2\,400$$
  $$1\,200 \stackrel{?}{=} 1\,200 + 2\,400$$
  $$1\,200 \neq 3\,600$$

  2. Gleichung:

  $$1\,200 \stackrel{?}{=} 3 \cdot 20^2 - 2\,400$$
  $$1\,200 \stackrel{?}{=} 1\,200 - 2\,400$$
  $$1\,200 \neq -1\,200$$

  3. Gleichung:

  $$1\,200 \stackrel{?}{=} -3 \cdot 20^2 + 2\,400$$
  $$1\,200 \stackrel{?}{=} -1\,200 + 2\,400$$
  $$1\,200 = 1\,200$$

  4. Gleichung:

  $$1\,200 \stackrel{?}{=} -3 \cdot 20^2 - 2\,400$$
  $$1\,200 \stackrel{?}{=} -1\,200 - 2\,400$$
  $$1\,200 = -3\,600$$

c) *1. Möglichkeit:* Berechnung der Geschwindigkeit über den Weg
Gesucht ist Toms Geschwindigkeit in $\frac{\text{km}}{\text{h}}$, was gleichbedeutend ist mit der Fragestellung: „Wie viele km würde Tom bei gleicher Geschwindigkeit in einer Stunde zurücklegen?“

Zurückgelegter Weg in 100 s:
$1\,200\text{ m} - 700\text{ m} = 500\text{ m} = 0{,}5\text{ km}$

Umrechnung der Zeit:
$1\text{ h} = 60\text{ min} = 60 \cdot 60\text{ s} = 3\,600\text{ s}$

Lösung mit dem Dreisatz:

$$\begin{array}{rrcll} :100 \, (& 100\text{ s} & \hat{=} & 0{,}5\text{ km} &):100 \\ \cdot 3\,600 \, (& 1\text{ s} & \hat{=} & 0{,}005\text{ km} &)\cdot 3\,600 \\ & 3\,600\text{ s} & \hat{=} & 0{,}005\cdot 3\,600\text{ km} & \\ & & & =18\text{ km} & \end{array}$$

oder

Lösung über proportionale Zuordnung:

$$\frac{x}{3\,600} = \frac{0{,}5}{100} \qquad \vert \cdot 3\,600$$

$$x = \frac{0{,}5\cdot 3\,600}{100}$$

$$x = 18$$

In einer Stunde (= 3 600 s) würde Tom 18 km zurücklegen, d. h., seine Geschwindigkeit beträgt **18 $\frac{\text{km}}{\text{h}}$**.

oder

2. Möglichkeit: Berechnung der Geschwindigkeit über Größenumrechnung

Umrechnung der Größe $\frac{\text{m}}{\text{s}}$ in $\frac{\text{km}}{\text{h}}$:

$$1\,\frac{\text{m}}{\text{s}} = \frac{\frac{1}{1\,000}}{\frac{1}{60}}\,\frac{\text{km}}{\text{min}} = \frac{\frac{1}{1\,000}}{\frac{1}{60}\cdot\frac{1}{60}}\,\frac{\text{km}}{\text{h}}$$

$$= \frac{\frac{1}{1\,000}}{\frac{1}{3\,600}}\,\frac{\text{km}}{\text{h}}$$

$$= \frac{1}{1\,000} : \frac{1}{3\,600}\,\frac{\text{km}}{\text{h}}$$

$$= \frac{3\,600}{1\,000}\cdot\frac{\text{km}}{\text{h}}$$

$$= 3{,}6\,\frac{\text{km}}{\text{h}}$$

Die Umrechnungszahl von $\frac{\text{m}}{\text{s}}$ in $\frac{\text{km}}{\text{h}}$ ist 3,6.

Berechnung von Toms Geschwindigkeit:

$$\frac{1\,200\text{ m} - 700\text{ m}}{100\text{ s}} = \frac{500\text{ m}}{100\text{ s}} = 5\,\frac{\text{m}}{\text{s}} = 5\cdot 3{,}6\,\frac{\text{km}}{\text{h}} = \mathbf{18\,\frac{km}{h}}$$

d) Da der Graph eine Gerade ist, handelt es sich um eine lineare Funktion mit der allgemeinen Funktionsgleichung:

$y = m \cdot x + n$

m ↙ Steigung, n ↘ y-Achsenabschnitt (= Schnittpunkt mit der y-Achse)

1. Möglichkeit: Rechnerische Lösung

Bestimmung der Geradengleichung über die Steigung und einen Punkt P der Geraden:

- Berechnung der Steigung m:
  Da Tom fällt, ist die Steigung der Geraden $m < 0$. Toms Höhe nimmt in 100 s um 500 m ab. Damit gilt:

  $$m = \frac{-500}{100} = -5$$

  Setzt man $m = -5$ in die allgemeine Gleichung ein, erhält man $y = -5x + n$.
- Berechnung des y-Achsenabschnitts n:
  Der Punkt $P(260\,|\,0)$ liegt auf der Geraden und erfüllt somit die Geradengleichung $y = -5x + n$.

  Einsetzen der Koordinaten von P:

  $$0 = -5 \cdot 260 + n$$
  $$0 = -1\,300 + n \quad \big|\, +1\,300$$
  $$n = 1\,300$$

  Die Geradengleichung lautet somit $\mathbf{y = -5x + 1\,300}$ oder $\mathbf{h(t) = -5t + 1\,300}$.

oder

Bestimmung der Geradengleichung über 2 Punkte der Geraden:

Die Punkte $P_1(100\,|\,800)$ und $P_2(260\,|\,0)$ liegen auf der Geraden und erfüllen die Geradengleichung $y = mx + n$. Einsetzen der Koordinaten x und y liefert folgendes lineares Gleichungssystem:

$$\text{I} \quad 800 = m \cdot 100 + n$$
$$\text{II} \quad 0 = m \cdot 260 + n$$

Additionsverfahren:

$$\text{I} \quad 800 = m \cdot 100 + n$$
$$\text{II} \quad 0 = m \cdot 260 + n \quad \big|\cdot(-1)$$

$$\left.\begin{array}{ll} \text{I} & 800 = 100\,m + n \\ \text{II} & 0 = -260m - n \end{array}\right\} +$$

$$\text{I} + \text{II} \quad 800 = -160\,m \quad \big|:(-160)$$
$$m = -5$$

m = –5 einsetzen in II:

$0 = (-5) \cdot 260 + n$

$0 = -1\,300 + n \quad |+1\,300$

$n = 1\,300$

Die Geradengleichung lautet **y = –5x + 1 300** oder **h(t) = –5t + 1 300**.

oder

2. Möglichkeit: Zeichnerische Lösung

Bestimmung der Geradengleichung über das Ablesen der Steigung m und des y-Achsenabschnitts n aus der Zeichnung:

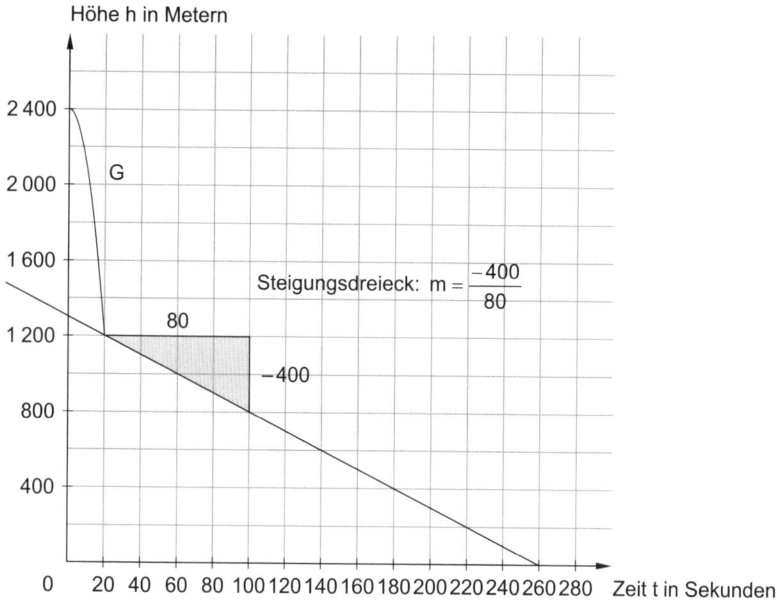

Es gilt:

- Die Gerade wird verlängert, sodass ein Schnittpunkt mit der y-Achse entsteht. Der Schnittpunkt mit der y-Achse liegt genau in der Mitte zwischen 1 200 und 1 400, also ist n = 1 300.
- Ein beliebiges Steigungsdreieck wird eingezeichnet und die Steigung abgelesen. Die Steigung ist:

  $$m = \frac{-400}{80} = -5$$

Die Geradengleichung lautet somit **y = –5x + 1 300** oder **h(t) = –5t + 1 300**.

Aufgabe 5

a) Mögliche Dreiecke:
ACD; ABC; DBC; DAB; AED; ABE; DEC; EBC
⇒ Es sind insgesamt 8 Dreiecke.

☐ 6 ☒ 8 ☐ 10 ☐ 12

b) Berechnung von δ mit der Innenwinkelsumme im Dreieck DAB:
Die Winkelsumme im Dreieck beträgt 180°.

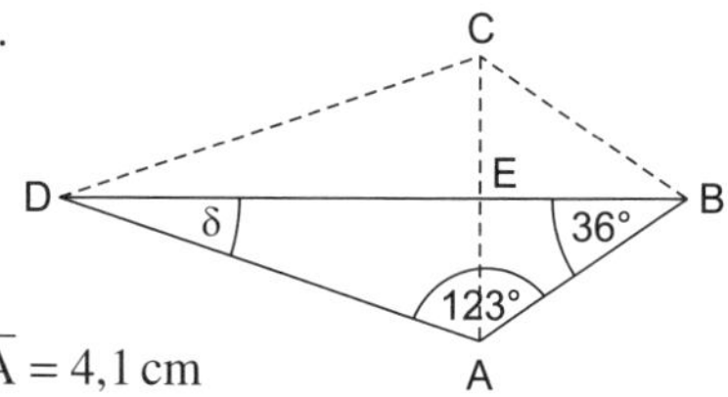

$$\delta + 123° + 36° = 180°$$

$$\delta + 159° = 180° \quad |-159°$$

$$\delta = \mathbf{21°}$$

c) Gegeben: $\alpha = 123°$; $\beta = 36°$; $\delta = 21°$; $b = \overline{DA} = 4{,}1\text{ cm}$
Gesucht: $a = \overline{BD}$

Berechnung der Länge der Strecke $\overline{BD}$ mithilfe des Sinussatzes im Dreieck DAB:

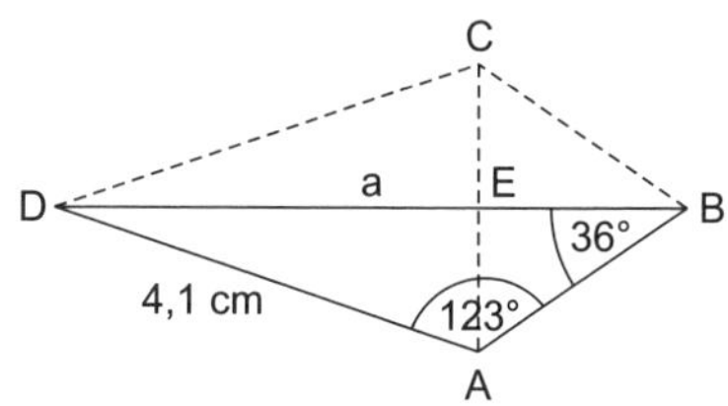

$$\frac{a}{\sin\alpha} = \frac{b}{\sin\beta}$$

$$\frac{a}{\sin 123°} = \frac{4{,}1}{\sin 36°} \quad |\cdot \sin 123°$$

$$a = \frac{4{,}1 \cdot \sin 123°}{\sin 36°}$$

$$a \approx \mathbf{5{,}85}$$

oder

Berechnung der Länge der Strecke $\overline{BD}$ mithilfe von Winkelfunktionen in rechtwinkligen Dreiecken:
Das vorhandene Dreieck DAB wird in die zwei rechtwinkligen Dreiecke DAE und ABE zerlegt.

Berechnung von $x_1 = \overline{ED}$ im rechtwinkligen Dreieck DAE:

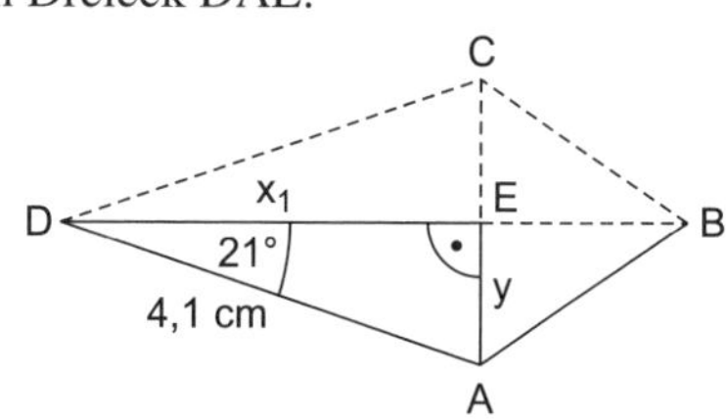

$$\cos\delta = \frac{\text{Ankathete}}{\text{Hypotenuse}}$$

$$\cos 21° = \frac{x_1}{4{,}1} \quad |\cdot 4{,}1$$

$$x_1 = 4{,}1 \cdot \cos 21°$$

$$x_1 \approx 3{,}83$$

Berechnung von $y = \overline{AE}$ im rechtwinkligen Dreieck DAE:

$$\sin\delta = \frac{\text{Gegenkathete}}{\text{Hypotenuse}}$$

$$\sin 21^\circ = \frac{y}{4{,}1} \qquad |\cdot 4{,}1$$

$$y = 4{,}1\cdot\sin 21^\circ$$

$$y \approx 1{,}47$$

Berechnung von $x_2 = \overline{BE}$ im rechtwinkligen Dreieck ABE:

$$\tan\beta = \frac{\text{Gegenkathete}}{\text{Ankathete}}$$

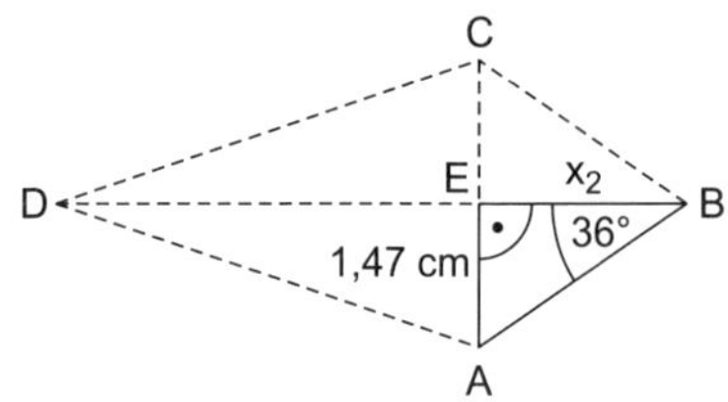

$$\tan 36^\circ = \frac{1{,}47}{x_2} \qquad |\cdot x_2$$

$$\tan 36^\circ\cdot x_2 = 1{,}47 \qquad |:\tan 36^\circ$$

$$x_2 = \frac{1{,}47}{\tan 36^\circ}$$

$$x_2 \approx 2{,}02$$

Berechnung der Länge der Strecke $\overline{BD}$:

$\overline{BD} = x_1 + x_2 = 3{,}83 + 2{,}02 = \mathbf{5{,}85}$

Die Strecke $\overline{BD}$ hat eine Länge von etwa 5,85 cm.

d) Der Flächeninhalt des Dreiecks AED kann mit der Formel $A = \frac{\overline{AE}\cdot\overline{ED}}{2}$ berechnet werden.

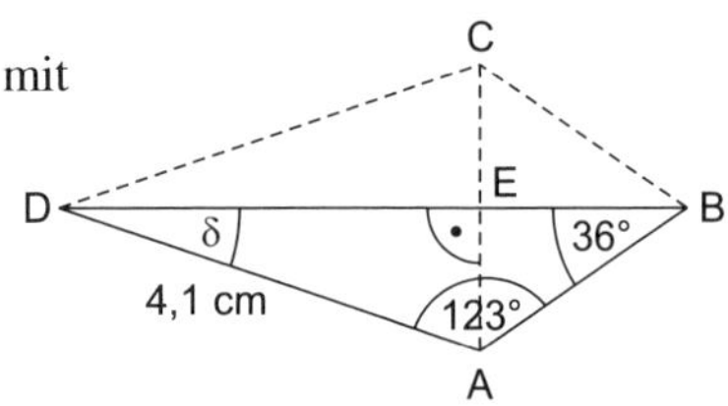

- Benötigte Seiten: $\overline{AE}$, $\overline{ED}$
  Benötigter Winkel: δ (zur Ermittlung von $\overline{ED}$ und $\overline{AE}$)
- Reihenfolge der Schritte zur Ermittlung des Flächeninhaltes:
  1. Ermittlung von δ
     (mit der Innenwinkelsumme im Dreieck DAB, vgl. Teilaufgabe b: $\delta + 123^\circ + 36^\circ = 180^\circ$)
  2. Ermittlung der Länge der Strecke $\overline{AE}$
     (mit dem Sinus im rechtwinkligen Dreieck DAE, vgl. Teilaufgabe c: $\sin\delta = \frac{\overline{AE}}{4{,}1}$)
  3. Ermittlung der Länge der Strecke $\overline{ED}$
     (mit dem Kosinus im rechtwinkligen Dreieck DAE, vgl. Teilaufgabe c: $\cos\delta = \frac{\overline{ED}}{4{,}1}$)
  4. Einsetzen der berechneten Werte in die Formel $A = \frac{\overline{AE}\cdot\overline{ED}}{2}$

Hinweis: In der Aufgabenstellung ist nur nach der Reihenfolge der Schritte gefragt und nicht nach den Formeln zur Berechnung oder den Ergebnissen. Solltest du Berechnungen durchgeführt haben, findest du hier die Ergebnisse: Nach Teilaufgabe b: $\delta = 21°$; nach Teilaufgabe c: $\overline{AE} \approx 1,47$ cm; $\overline{ED} \approx 3,83$ cm
Einsetzen dieser Werte in die Formel ergibt: $A \approx 2,82\ \text{cm}^2$

Aufgabe 6

Hinweis: Der Maßstab 1 : 10 bedeutet: 1 cm im Modell ≙ 10 cm in Wirklichkeit

a) Lösung mit dem Umrechnungsfaktor:
Beim Maßstab 1 : 10 ist der Umrechnungsfaktor 10.

Modell		Tatsächliche Größe
Höhe: 0,68 m	$\xrightarrow{\cdot 10}$	**6,8 m**
Kante: 0,8 m	$\xrightarrow{\cdot 10}$	**8,0 m**

oder

Lösung über proportionale Zuordnung:

Höhe in Wirklichkeit:

$$\frac{1}{10} = \frac{0,68}{x} \quad |\cdot x \quad |\cdot 10$$
$$x = 0,68 \cdot 10$$
$$x = \mathbf{6,8}$$

Grundkante in Wirklichkeit:

$$\frac{1}{10} = \frac{0,8}{x} \quad |\cdot x \quad |\cdot 10$$
$$x = 0,8 \cdot 10$$
$$x = \mathbf{8}$$

Die Karlsruher Pyramide ist in Wirklichkeit 6,8 m hoch und 8 m lang.

b) *Beachte:* Es sollen die Maße der **Modellpyramide** eingetragen werden.

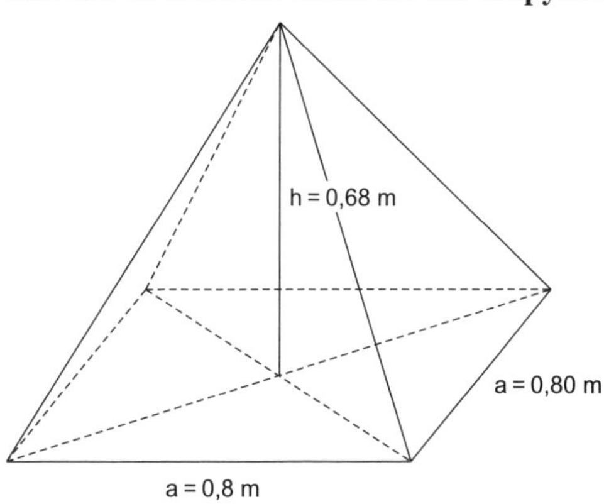

Hinweis: Der Diagonalenschnittpunkt ist der Fußpunkt der Höhe. Wenn du die Diagonalen nicht eingezeichnet hast, erhältst du trotzdem die volle Punktzahl.

c) Gegeben: $a = 0{,}8\text{ m}; h = 0{,}68\text{ m}$
Gesucht: A_S
Berechnung der Höhe h_a der Seitenfläche mithilfe des Satzes von Pythagoras:

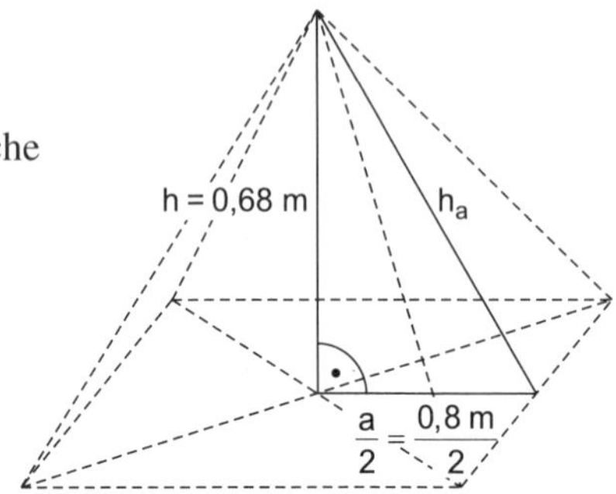

$$h_a{}^2 = \left(\frac{a}{2}\right)^2 + h^2$$

$$h_a{}^2 = \left(\frac{0{,}8}{2}\right)^2 + 0{,}68^2$$

$$h_a{}^2 = 0{,}16 + 0{,}4624$$

$$h_a{}^2 = 0{,}6224 \qquad |\sqrt{\ }$$

$$h_a \approx 0{,}79$$

Berechnung des Flächeninhaltes einer Seitenfläche:

$$A_S = \frac{1}{2} \cdot a \cdot h_a = \frac{1}{2} \cdot 0{,}8 \cdot 0{,}79 = 0{,}316 \approx \mathbf{0{,}32}$$

Die Angabe stimmt. Tim braucht für eine Seitenfläche ca. 0,32 m^2 Sperrholz.

d) Berechnung der zu streichenden Gesamtfläche:
Berechnung des Flächeninhaltes aller 4 Seitenflächen:
$A = 4 \cdot A_S = 4 \cdot 0{,}32\text{ m}^2 = 1{,}28\text{ m}^2$

Da Tim alle Seitenflächen zweimal streicht, muss er insgesamt
$2 \cdot A = 2 \cdot 1{,}28\text{ m}^2 = 2{,}56\text{ m}^2$ streichen.

Berechnung des Lackverbrauchs:
Lösung mit dem Dreisatz:

$$\begin{array}{rrcll} :10 & 10\text{ m}^2 & \hat{=} & 1\,\ell & :10 \\ \cdot 2{,}56 & 1\text{ m}^2 & \hat{=} & 0{,}1\,\ell & \cdot 2{,}56 \\ & 2{,}56\text{ m}^2 & \hat{=} & 0{,}256\,\ell & \end{array}$$

oder

Lösung über proportionale Zuordnung:

$$\frac{x}{2{,}56} = \frac{1}{10} \qquad |\cdot 2{,}56$$

$$x = \frac{2{,}56}{10}$$

$$x = 0{,}256$$

Tim braucht insgesamt 0,256 ℓ Farbe.

Umrechnung in $m\ell$:
$0{,}256\ \ell = 256\ m\ell$

Da Tim insgesamt nur 256 $m\ell$ Farbe benötigt, reicht die Dosengröße **S** aus. **Paul** hat recht.

Aufgabe 7

a) Es kamen insgesamt 680 353 Zuschauer zu 17 Heimspielen.

Durchschnittliche Zuschauerzahl pro Heimspiel:
$680\,353 : 17 \approx 40\,021 \approx 40\,000$

Es kamen durchschnittlich ca. **40 000** Zuschauer zu jedem Heimspiel.

Hinweis: Es ist sinnvoll auf 40 000 zu runden, da 21 Zuschauer hier kaum ins Gewicht fallen.

b) Berechnung der relativen Häufigkeit:

$$h = \frac{\text{Anzahl der gewonnenen Spiele}}{\text{Anzahl aller Spiele}} = \frac{\mathbf{22}}{\mathbf{34}} \approx \mathbf{0{,}647 = 64{,}7\ \%}$$

c) Anzahl nicht verwandelter Elfmeter:
$83 - 71 = 12$

Berechnung des prozentualen Anteils der nicht verwandelten Elfmeter:
Lösung mit dem Dreisatz:

$$\begin{aligned} &:83\ \big(&& 83 \text{ Elfmeter} &&\triangleq 100\ \% && \big):83 \\ & && 1 \text{ Elfmeter} &&\triangleq \frac{100}{83}\ \% && \\ &\cdot 12\ \big(&& 12 \text{ Elfmeter} &&\triangleq \frac{100 \cdot 12}{83}\ \% && \big)\cdot 12 \\ & && &&\approx \mathbf{14{,}5\ \%} && \end{aligned}$$

oder

Lösung über proportionale Zuordnung:

$$\frac{x}{12} = \frac{100}{83} \qquad |\cdot 12$$

$$x = \frac{12 \cdot 100}{83}$$

$$x \approx \mathbf{14{,}5}$$

oder

relative Häufigkeit:

$$h = \frac{\text{Anzahl nicht verwandelter Elfmeter}}{\text{Anzahl aller Elfmeter}} = \frac{12}{83} \approx 0{,}145 = \mathbf{14{,}5\ \%}$$

Es wurden ca. 14,5 % der Elfmeter nicht verwandelt.

Berechnung des zugehörigen Winkels im Kreisdiagramm (1 % $\hat{=}$ 3,6°):
Lösung mit dem Dreisatz:

$$\begin{array}{lrcll} :100 & 100\ \% & \hat{=} & 360° & :100 \\ & 1\ \% & \hat{=} & 3{,}6° & \\ \cdot 14{,}5 & 14{,}5\ \% & \hat{=} & 52{,}2° & \cdot 14{,}5 \\ & & & \approx \mathbf{52°} & \end{array}$$

oder

Lösung über proportionale Zuordnung:

$$\frac{x}{14{,}5} = \frac{360°}{100} \qquad |\cdot 14{,}5$$

$$x = \frac{360° \cdot 14{,}5}{100}$$

$$x = 52{,}2°$$

$$x \approx \mathbf{52°}$$

oder

Lösung mithilfe des Umrechnungsfaktors:
Um von Prozent in Grad umzurechnen, muss der Prozentsatz mit 3,6° multipliziert werden:

$14{,}5 \cdot 3{,}6° = 52{,}2° \approx \mathbf{52°}$

Die Winkelgröße beträgt ungefähr 52°.

Einzeichnen des Winkels $\alpha = 52°$ ins Kreisdiagramm:

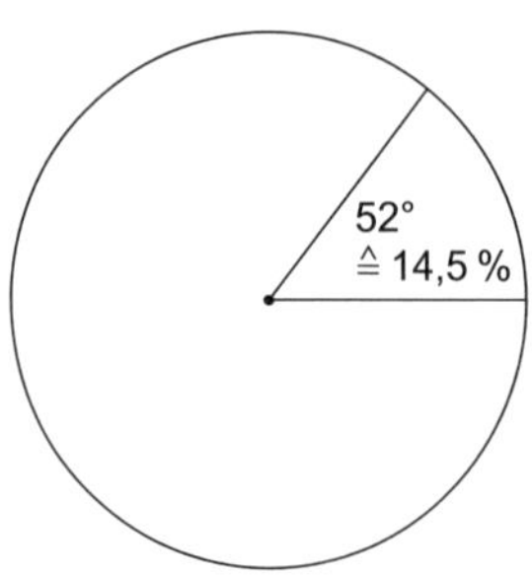

d) Es handelt sich um einen dreistufigen Zufallsversuch „ohne Zurücklegen“:

- Zu Beginn gibt es 11 mögliche Schützen, deshalb beträgt die Wahrscheinlichkeit dafür, dass Ronny ausgewählt wird, $\frac{1}{11}$. Die Wahrscheinlichkeit dafür, dass nicht Ronny, sondern einer der anderen 10 Spieler ausgewählt wird, liegt bei $\frac{10}{11}$.
- Nach dem 1. Schuss stehen nur noch 10 Spieler als Schützen zur Verfügung. Wurde Ronny nicht als 1. Schütze gewählt, ist er einer dieser 10 und somit beträgt die Wahrscheinlichkeit dafür, dass er als 2. Schütze ausgewählt wird, $\frac{1}{10}$.
- Nach dem 2. Schuss stehen nur noch 9 Spieler als Schützen zur Verfügung. Wurde Ronny nicht als 2. Schütze gewählt, ist er einer dieser 9 und somit beträgt die Wahrscheinlichkeit dafür, dass er als 3. Schütze ausgewählt wird, $\frac{1}{9}$. Die Wahrscheinlichkeit dafür, dass nicht Ronny, sondern einer der anderen 8 Spieler ausgewählt wird, liegt bei $\frac{8}{9}$.

Baumdiagramm:

Ronny wird ausgewählt: R
Ronny wird nicht ausgewählt: nR

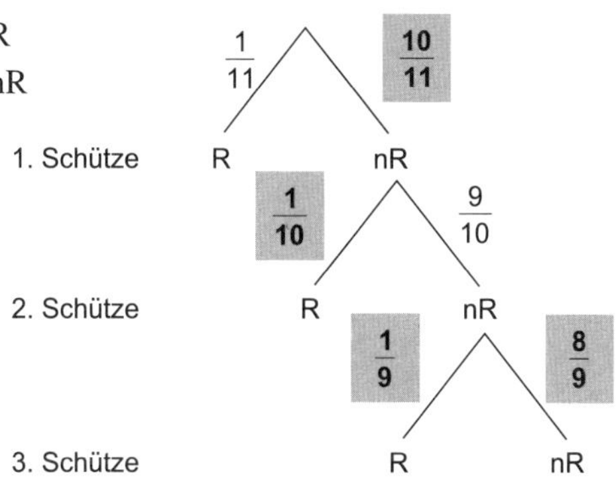

Berechnung der Wahrscheinlichkeit dafür, dass Ronny unter den ersten 3 Schützen ist:

Berechnung der Einzelwahrscheinlichkeiten (1. Pfadregel):

Wahrscheinlichkeit, dass Ronny der 1. Schütze ist: $P(R) = \frac{1}{11}$

Wahrscheinlichkeit, dass Ronny der 2. Schütze ist: $P(nR; R) = \frac{10}{11} \cdot \frac{1}{10}$

Wahrscheinlichkeit, dass Ronny der 3. Schütze ist: $P(nR; nR; R) = \frac{10}{11} \cdot \frac{9}{10} \cdot \frac{1}{9}$

Wahrscheinlichkeit dafür, dass Ronny unter den ersten 3 Schützen ist (2. Pfadregel):

$$
\begin{aligned}
P(\text{Ronny ist unter den ersten 3 Schützen}) &= P(R) + P(nR; R) + P(nR; nR; R) \\
&= \frac{1}{11} + \frac{10}{11} \cdot \frac{1}{10} + \frac{10}{11} \cdot \frac{9}{10} \cdot \frac{1}{9} \\
&= \mathbf{\frac{3}{11}} \\
&\approx \mathbf{0{,}273} \\
&= \mathbf{27{,}3\ \%}
\end{aligned}
$$

Die Wahrscheinlichkeit dafür, dass Ronny bei 11 Spielern unter den ersten drei Schützen ist, beträgt etwa 27,3 %.